中老年 学

智能 手机APP

全程图解手册

全彩
大字版

U0322718

恒盛杰资讯　编著

机械工业出版社
China Machine Press

图书在版编目（CIP）数据

中老年学智能手机APP全程图解手册：全彩大字版／恒盛杰资讯编著. —北京：机械工业出版社，2019.1（2021.2重印）

ISBN 978-7-111-61607-8

Ⅰ．①中… Ⅱ．①恒… Ⅲ．①移动电话机－应用程序－图解 Ⅳ．①TN929.53-64

中国版本图书馆CIP数据核字（2018）第289719号

　　本书是为中老年朋友量身打造的智能手机使用教程，精选了满足日常生活和社交需求的各种应用程序（APP）进行详细讲解，力求达到"一书在手不求人"的学习效果。

　　全书共6章。第1章讲解智能手机的连网及应用程序的下载和安装等基本操作。第2～6章分门别类地讲解了多种热门应用程序的使用方法，涵盖实用工具、安全、社交、音乐、影视、新闻、广播、游戏、支付、出行、旅游、健康、美食、购物、教育等类别。

　　本书使用大量实例保证了内容的实用性，并通过直观的图片提升学习的趣味性，非常适合想要用好智能手机的中老年读者阅读，也适合其他对智能手机不熟悉的读者参考。

中老年学智能手机APP全程图解手册（全彩大字版）

出版发行：机械工业出版社（北京市西城区百万庄大街22号　邮政编码：100037）

责任编辑：杨　倩　　　　　　　　　　　　　责任校对：庄　瑜

印　　刷：北京天颖印刷有限公司　　　　　　版　　次：2021年2月第1版第2次印刷

开　　本：170mm×242mm　1/16　　　　　　印　　张：9

书　　号：ISBN 978-7-111-61607-8　　　　　定　　价：49.80元

PREFACE 前　言

随着生活水平的提高和移动互联网的飞速发展，智能手机在我国的普及率大幅提升。智能手机不仅在年轻人当中大受欢迎，而且正在逐步取代陈旧简陋的"老人机"，成为中老年朋友的"新宠"。本书就是专为中老年朋友编写的智能手机使用教程，指导中老年朋友玩转智能手机应用程序（APP），为生活助力添彩。

◎ 内容结构

全书共6章。第1章讲解智能手机的连网及应用程序的下载和安装等基本操作。第2～6章分门别类地讲解了多种热门应用程序的使用方法，涵盖实用工具、安全、社交、音乐、影视、新闻、广播、游戏、支付、出行、旅游、健康、美食、购物、教育等类别。

◎ 编写特色

★ 本书从智能手机的连网及应用程序的下载和安装等基本操作开始讲解，逐步过渡到大量热门且实用的应用程序的应用，基本涵盖了生活与社交的方方面面，让中老年朋友手中的智能手机能够真正成为本领高强的"好帮手"。

★ 本书对每个操作均以"一步一图"的方式进行讲解，直观的图片演示和详尽的操作指导，让中老年朋友一看就能明白，学习体验更加轻松、高效。

◎ 读者对象

本书非常适合想要学习使用智能手机应用程序的中老年读者阅读，也适合其他对智能手机应用程序不熟悉的读者参考。

由于编者水平有限，在编写本书的过程中难免有不足之处，恳请广大读者指正批评，除了扫描二维码关注订阅号获取资讯以外，也可加入QQ群227463225与我们交流。

编者
2019 年 1 月

如何获取云空间资料

步骤 1：扫描关注微信公众号

在手机微信的"发现"页面中点击"扫一扫"功能，如右一图所示，进入"二维码/条码"界面，将手机对准右二图中的二维码，扫描识别后进入"详细资料"页面，点击"关注"按钮，关注我们的微信公众号。

步骤 2：获取资料下载地址和密码

点击公众号主页面左下角的小键盘图标，进入输入状态，在输入框中输入本书书号的后 6 位数字"616078"，点击"发送"按钮，即可获取本书云空间资料的下载地址和访问密码。

步骤 3：打开资料下载页面

方法 1：在计算机的网页浏览器地址栏中输入获取的下载地址（输入时注意区分大小写），如右图所示，按 Enter 键即可打开资料下载页面。

方法 2：在计算机的网页浏览器地址栏中输入"wx.qq.com"，按 Enter 键后打开微信网页版的登录界面。按照登录界面的操作提示，使用手机微信的"扫一扫"功能扫描登录界面中的二维码，然后在手机微信中点击"登录"按钮，浏览器中将自动登录微信网页版。在微信网页版中单击左上角的"阅读"按钮，如右图所示，然后在下方的消息列表中找到并单击刚才公众号发送的消息，在右侧便可看到下载地址和相应密码。将下载地址复制、粘贴到网页浏览器的地址栏中，按 Enter 键即可打开资料下载页面。

步骤 4：输入密码并下载资料

在资料下载页面的"请输入提取密码"下方的文本框中输入步骤 2 中获取的访问密码（输入时注意区分大小写），再单击"提取文件"按钮。在新页面中单击打开资料文件夹，在要下载的文件名后单击"下载"按钮，即可将其下载到计算机中。如果页面中提示选择"高速下载"还是"普通下载"，请选择"普通下载"。下载的资料如为压缩包，可使用 7-Zip、WinRAR 等软件解压。

> **提示**
>
> 读者在下载和使用云空间资料的过程中如果遇到自己解决不了的问题，请加入QQ群227463225，下载群文件中的详细说明，或找群管理员提供帮助。

CONTENTS 目 录

手机连网及应用程序安装

在移动互联网时代，智能手机及其中安装的应用程序的许多功能通常要在连网状态下才能正常工作。如果手机上自带的应用程序不够用，用户还可以自行下载和安装所需的应用程序。本章就将详细讲解手机连网及应用程序安装的操作。

1.1 手机连网指南

智能手机要连接网络才能尽其所长，然而随之而来的网络安全问题不容忽视。下面详细讲解如何用智能手机连接 Wi-Fi 或移动数据，以及连接公共网络时需要注意的安全事项。

1.1.1 手机连接Wi-Fi和移动数据

如今，Wi-Fi 无线网络的覆盖范围越来越广，许多家庭都布置了 Wi-Fi 热点，许多商家也免费提供 Wi-Fi 上网服务。连接 Wi-Fi 无线网络后，能高速且可靠地传输信息。当无法使用 Wi-Fi 无线网络时，可以开启移动数据网络。

01 点击"设置"图标	02 点击"WLAN"按钮
打开手机，找到并点击"设置"图标，如下图所示。	进入"系统设置"页面，点击"WLAN"按钮，如下图所示。

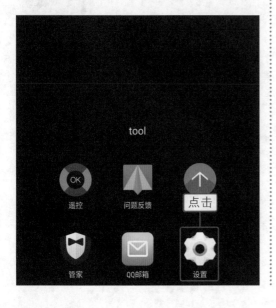

03 打开"WLAN"

进入"WLAN"页面，可看到"关闭"右侧的按钮呈灰色，即关闭状态，点击该按钮，如下图所示。

04 点击要连接的Wi-Fi热点

此时"关闭"变为"开启"，且右侧的按钮呈蓝色，即打开状态。然后点击要连接的Wi-Fi热点，如下图所示。

05 连接Wi-Fi热点

❶在弹出的对话框的文本框中输入要连接的Wi-Fi热点的密码，❷点击"连接"按钮，如下图所示。

06 查看是否连接成功

在"WLAN"页面中可看到在"当前连接网络"下方显示了连接成功的Wi-Fi热点，如下图所示。

> **提示**
>
> iPhone手机中管理Wi-Fi网络的按钮为"无线局域网"按钮。

07 点击"双卡和移动网络"按钮

进入"系统设置"页面，点击"双卡和移动网络"按钮，如下图所示。

08 打开"移动数据"

进入"双卡和移动网络"页面，可看到"移动数据"右侧的按钮呈灰色，即关闭状态，点击该按钮，如下图所示。

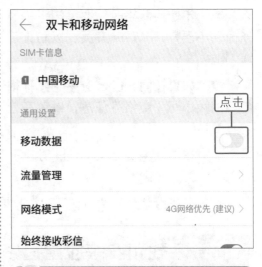

> **提示**
>
> 安卓系统单卡手机上管理移动数据网络的按钮为"移动网络"按钮。iPhone手机上管理移动数据网络的按钮为"蜂窝移动数据"按钮。

09 查看是否打开"移动数据"

此时，可看到"移动数据"右侧的按钮呈蓝色，即打开状态，如下图所示。

1.1.2 连接公共网络的安全注意事项

中老年朋友在连接公共网络时，若不小心连接到欺骗性的网络热点，可能会导致财产损失及隐私泄露等问题。为了防范这些问题，中老年朋友应了解并谨记以下安全注意事项。

- 不使用网络时，要关闭手机的 Wi-Fi 开关，尤其是在户外或经过公共场所时，不要打开 Wi-Fi 开关，以防止手机自动连接同名、无密码的 Wi-Fi 及非法 Wi-Fi。

- 如果在同一区域有多个名称相似的 Wi-Fi 热点，一定要注意 Wi-Fi 热点名称的大小写、空格等信息，以免在选择 Wi-Fi 热点时不小心连接到名称类似的钓鱼 Wi-Fi。

- 在使用免费公共 Wi-Fi 时，不要进行网银登录或转账、手机支付等与个人财产有关的操作。

- 在使用免费公共 Wi-Fi 时，不要下载并安装来历不明的程序。

1.2 下载和安装应用程序

应用程序的下载与安装是智能手机的基本功能之一，各式各样的应用程序大大扩展了智能手机的应用范围。下面以下载并安装"微信"为例，详细讲解通过应用商店和通过浏览器两种方式下载与安装应用程序的操作。

1.2.1 下载程序怕病毒，应用商店更安全

手机自带的"应用商店"中的应用程序通常都经过严格的病毒扫描和安全性审核，中老年朋友应优先选择从"应用商店"下载和安装应用程序。

01 打开"应用商店"	02 点击搜索框
打开手机，找到并点击"应用商店"图标，如下图所示。	进入"应用商店"页面，点击搜索框，如下图所示。

03　搜索"微信"

❶在搜索框中输入"微信"，❷搜索框下方会弹出"微信"应用程序的信息，点击"安装"按钮，如下图所示。

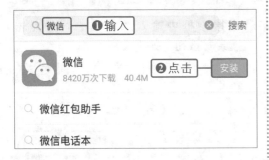

04　下载"微信"

此时即开始下载"微信"。在搜索框的下方会显示下载进度条，如下图所示。

05　安装"微信"

下载完成后，系统会自动开始安装"微信"。"微信"应用程序的右侧会显示"安装中"字样，如下图所示。

06　完成"微信"安装

系统安装完"微信"后，在"微信"应用程序的右侧会显示"打开"按钮，如下图所示。

07　在手机桌面查看"微信"

返回手机桌面，可看到在桌面添加了"微信"图标，如下图所示。

> 📋 **提示**
>
> 　　部分安卓手机下载应用程序的平台名称为"应用市场"，iPhone手机下载应用程序的平台为"App Store"。

第
1
章

1.2.2 应用商店没找到，浏览器里也能下

如果在"应用商店"里没找到所需的应用程序，或者手机中没有"应用商店"，可以通过手机浏览器访问应用程序官网来下载和安装应用程序。

01 打开"浏览器"

进入手机桌面，找到并点击"浏览器"图标，如下图所示。

02 点击搜索框

进入"浏览器"页面，点击页面中的搜索框，如下图所示。

03 搜索"微信"

❶在搜索框中输入"微信"，❷点击"搜索"按钮，如下图所示。

04 进入"微信"官网

页面跳转至搜索结果页面，点击"微信"官网，如下图所示。

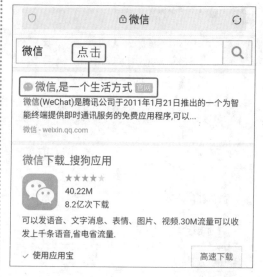

05 点击"免费下载"按钮

进入"微信"官网首页，点击"免费下载"按钮，该网页会根据手机的系统类型自动下载相应的安装包，如下图所示。

06 下载"微信"

在弹出的安装包下载对话框中点击"下载"按钮，如下图所示。

07 进入"下载"页面

❶在"浏览器"页面点击下方的▤按钮，❷点击"下载"按钮，如下图所示。

08 点击安装包

进入"下载"页面，点击下载完成的"微信"安装包，如下图所示。

09 安装"微信"

进入"微信"安装页面,点击"安装"按钮,如下图所示。

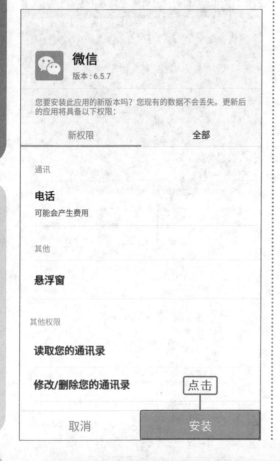

10 完成"微信"安装

点击"完成"按钮,即可完成微信安装,如下图所示。安装完成后,手机桌面上同样会出现一个"微信"图标。

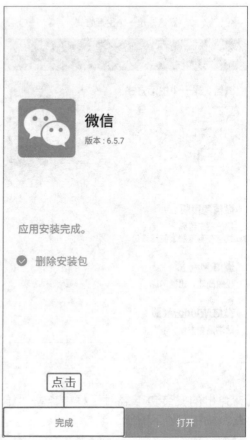

提示

　　国产品牌的安卓系统手机通常自带由厂商开发的"应用商店",如"OPPO软件商店""华为应用市场""小米应用商店"。若手机未自带"应用商店",又担心通过浏览器下载到携带病毒、木马等安全隐患的应用程序,可以先通过浏览器下载并安装一个专门的应用市场程序,然后在该程序内按照1.2.1小节讲解的方法下载需要的应用程序。
　　常用的应用市场程序推荐:应用宝、PP助手、豌豆荚等。

实用工具与手机安全

只要安装适当的应用程序并善加利用，智能手机就可以为我们的工作、学习和生活带来极大的便利。本章将首先介绍几款实用生活工具类应用程序，接着针对许多人关心的手机安全问题介绍手机安全防护应用程序的使用。

2.1 实用生活小助手

在日常生活中，中老年朋友难免会遇到一些小问题，如夜晚看不清路、记不住日程安排、算不清日常收支、忘了收看天气预报等。有了智能手机后，只要在手机上安装下面介绍的应用程序，就能轻松解决这些问题。

2.1.1 手电筒——手指一点，驱走黑暗

在夜晚或光线不足的环境中，中老年朋友可使用一些应用程序来控制手机上的闪光灯，将手机变为手电筒进行照明，以防止因看不清而发生碰撞、跌倒等意外伤害。下面以占用内存较少且功能较齐全的"手电筒"应用程序为例进行讲解。

同类型应用程序推荐：零点手电筒、精简手电筒、强光手电筒。

01 打开"手电筒"应用程序	02 启动手电筒
打开手机，下载并安装好"手电筒"应用程序后，在手机桌面找到并点击该程序图标，如下图所示。	进入该程序主页面，点击 按钮启动手电筒，如下图所示。

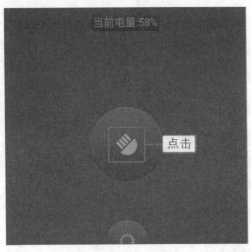

此时，会进入新的页面，在该页面顶部可看到3个按钮，每个按钮代表不同的灯光效果。若平常使用，可双击██按钮，如右图所示。

双击

> **提示**
>
> ❶单击██按钮为闪光灯，双击██按钮为正常灯光。
>
> ❷单击██按钮可开启电报效果，再次单击██按钮可关闭电报效果。
>
> ❸单击██按钮可打开SOS求救信号灯，再次单击██按钮可关闭该信号灯。

2.1.2　印象笔记——和健忘说再见

"印象笔记"是一款笔记应用程序，它可以通过输入、手写、拍照、录音等方式创建笔记，还可以创建事件提醒。中老年朋友随着年纪的增加，记忆力也会慢慢下降，为了避免忘记一些重要的待办事项或日程安排，可以在手机上使用"印象笔记"创建提醒事项。

同类型应用程序推荐：有道云笔记、为知笔记、麦库记事、轻笔记。

打开手机，下载并安装好"印象笔记"应用程序后，在手机桌面找到并点击该程序图标，如下图所示。

点击

进入该程序注册页面，❶在文本框中输入用来注册的电子邮箱地址或用户名，这里输入的是电子邮箱地址，❷点击"继续"按钮，如下图所示。

52 ***** 96@qq.com　❶输入

继续　❷点击

03 设置密码

❶在电子邮箱地址下方的文本框中输入要设置的密码，❷点击"开始使用印象笔记"按钮，如下图所示。若用户已有该程序的账户，可点击"登录"按钮，再继续操作。

> **提示**
>
> 初次使用该程序时，会出现简单的操作引导教程。

04 创建新笔记

进入"所有笔记"页面，点击页面右下角的+按钮，如下图所示。

05 创建提醒

此时，页面右侧会展开一排按钮，点击其中的◎按钮，如下图所示。

06 输入提醒事项

❶在弹出的对话框中输入提醒事项，❷点击按钮，如下图所示。

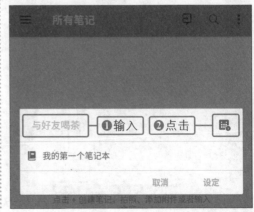

07 设置提醒日期

❶在弹出的日历表中设置提醒日期，如"1月15日"，❷再点击"时间"按钮，如下图所示。

08 设置提醒时间

进入"时间"页面，❶设置提醒时间为13:10，❷点击"保存"按钮，如下图所示。

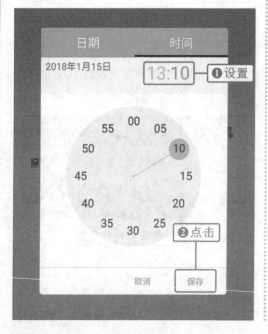

09 设定提醒

返回设置提醒对话框，点击"设定"按钮，如下图所示。

10 查看设置的提醒

返回"所有笔记"页面，在该页面中可看到所设置的提醒，如下图所示。

实用工具与手机安全

2.1.3 随手记——持家有道好帮手

"随手记"是一款记账应用程序，它完全按照生活场景进行设计，操作简单，适合中老年朋友随时随地记录每笔收支，并进行统计、分析和家庭财务规划。

同类型应用程序推荐：网易有钱、圈子账本、Timi时光记账。

01 打开"随手记"应用程序

打开手机，下载并安装好"随手记"应用程序后，在手机桌面找到并点击该程序图标，如下图所示。

02 点击"下一步"按钮

进入该程序，在"记账理财第一步"页面中点击"下一步"按钮，如下图所示。

03 再次点击"下一步"按钮

此时，会进入新的页面，在该页面中点击"下一步"按钮，如下图所示。

04 开始随手记

此时，会进入新的页面，在该页面中点击"开始随手记"按钮，如下图所示。

05 点击"记一笔"按钮

进入该程序主页面，点击"记一笔"按钮，如下图所示。

06 记录收入项

进入"记一笔"页面，❶点击"收入"按钮，❷在文本框中输入"1500"，❸点击"分类"按钮，如下图所示。

07 选择分类项

此时，会弹出选择分类项对话框，❶在该对话框左侧选择收入类型，❷在该对话框右侧选择收入来源，❸点击∨按钮，如下图所示。

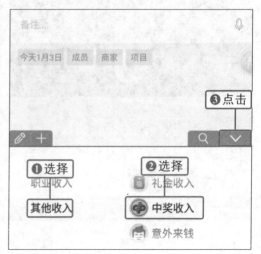

实用工具与手机安全

返回"记一笔"页面，❶点击"账户"按钮，❷在弹出的对话框中选择账户类型，如下图所示。

返回"记一笔"页面，❶在"备注"文本框中输入要备注的信息，❷点击"保存"按钮，如下图所示。

第2章

2.1.4　墨迹天气——阴晴雨雪，尽在掌握

　　"墨迹天气"是一款天气预报应用程序，它能自动根据手机的 GPS 定位精准且及时地提供天气信息。遇到特殊天气，它还能提前推送预警信息，帮助用户从容应对各类天气状况。

同类型应用程序推荐：中国天气通、最美天气、天气通。

打开手机，下载并安装好"墨迹天气"应用程序后，在手机桌面找到并点击该程序图标，如右图所示。

02 点击"下一步"按钮

进入该程序，在弹出的对话框中点击"下一步"按钮，如下图所示。

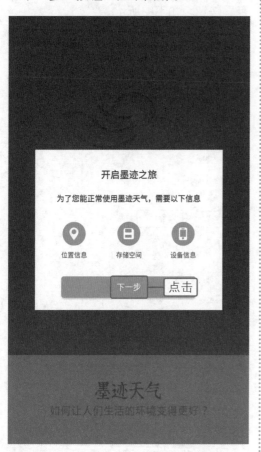

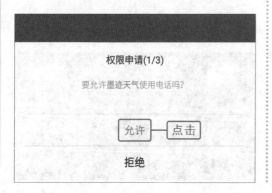

03 允许该程序使用电话

此时，会弹出"权限申请(1/3)"对话框，询问用户是否允许该程序使用电话，点击"允许"按钮，如下图所示。

权限申请(1/3)

要允许墨迹天气使用电话吗？

允许 —— 点击

拒绝

04 允许该程序获取位置信息

此时，会弹出"权限申请(2/3)"对话框，询问用户是否允许该程序获取设备所在位置信息，点击"允许"按钮，如下图所示。

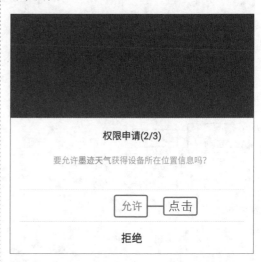

权限申请(2/3)

要允许墨迹天气获得设备所在位置信息吗？

允许 —— 点击

拒绝

05 允许访问照片、媒体内容和文件

此时，会弹出"权限申请(3/3)"对话框，询问用户是否允许该程序访问照片、媒体内容和文件，点击"允许"按钮，如下图所示。

权限申请(3/3)

要允许墨迹天气访问您设备上的照片、媒体内容和文件吗？

允许 —— 点击

拒绝

提示

步骤03～步骤05的操作只会在首次启用"墨迹天气"应用程序时出现。

此时，会进入新的页面，在该页面中点击"开启墨迹天气"按钮，如下图所示。

各类污染物指标清晰介绍
点击了解你身边的空气质量

07 查看当前位置的天气概况

进入该程序主页面，可看到当前位置的天气概况。若要查看当前位置的天气详情，可点击温度文字，如下图所示。

08 查看当前位置的天气详情

进入当前位置页面，可看到当前位置的体感温度、湿度、风力大小和气压强度等信息，如下图所示。查看完成后，点击◁按钮即可返回主页面。

09 查看未来几天的天气预报

返回主页面，若要查看未来24小时或未来15天的天气预报，则从屏幕底部向上滑动，即可看到未来24小时和未来15天的天气预报，如下图所示。

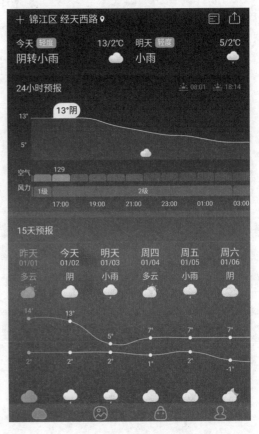

第2章

第2章 实用工具与手机安全 23

2.2 安全防范不可少

　　智能手机就像是一台掌上电脑，因而不可避免地会遇到后台程序和垃圾文件过多、木马和病毒的入侵等问题，此外还面临着上网数据流量超额、骚扰电话太多等特有问题。本节将以"360手机卫士"和"腾讯手机管家"为例，讲解如何解决上述问题。

同类型应用程序推荐：猎豹安全大师、LBE安全大师、百度手机卫士。

2.2.1　360手机卫士——全方位手机安全服务

　　"360手机卫士"是一款手机安全应用程序，主要功能有手机杀毒、手机体检、手机加速及骚扰短信和电话拦截等。本小节将详细讲解如何使用"360手机卫士"来为手机保驾护航。

　　1. 清理后台程序，提高运行速度

`01` 打开"360卫士"应用程序	`02` 同意许可协议并使用该程序
打开手机，下载并安装好"360卫士"应用程序后，在手机桌面找到并点击该程序图标，如下图所示。	进入该程序欢迎页面，连续从屏幕右侧向左侧滑动，进入如下图所示的页面，然后点击"同意并使用"按钮。

实用工具与手机安全

03 点击"去允许"按钮

此时，会进入新的页面，在该页面中点击"去允许"按钮，如下图所示。

由于系统限制，卫士需获取存储、短信等权限才能正常工作，如果有弹框请点击【允许】。

04 允许使用通讯录

此时，会弹出"权限申请(1/3)"对话框，询问用户是否允许该程序使用通讯录，点击"允许"按钮，如下图所示。

05 允许使用电话

此时，会弹出"权限申请(2/3)"对话框，询问用户是否允许该程序使用电话，点击"允许"按钮，如下图所示。

06 允许访问照片、媒体内容和文件

此时，会弹出"权限申请(3/3)"对话框，询问用户是否允许该程序访问照片、媒体内容和文件，点击"允许"按钮，如下图所示。

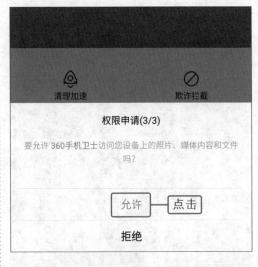

> 📋 **提示**
>
> 　步骤02～步骤06的操作只会在首次启用"360卫士"应用程序时出现。

进入"360手机卫士"主页面,点击"清理加速"按钮,如下图所示。

进入"清理加速"页面,若要清理后台应用程序,可点击"强力加速"按钮,如下图所示。

进入"强力加速"页面,可看到已扫描并选中可安全清理的后台应用程序,然后点击"内存加速×××MB"按钮,如下图所示。

进入"强力手机加速"页面,可看到"清理垃圾×××MB"的提示,表示释放的运行内存大小,如下图所示。

2. 清理垃圾文件，释放存储空间

01 扫描垃圾文件

在该程序主页面中点击"清理加速"按钮，进入"清理加速"页面，点击"垃圾扫描"按钮，即可扫描手机中的垃圾文件，如下图所示。

02 清理垃圾文件

扫描完成后，可看到该页面中显示了当前手机中的垃圾文件总量，然后点击"一键清理加速"按钮，如下图所示。

03 查看清理结果

清理完成后，可看到"清理垃圾×××GB"的提示，表示释放的机身储存空间大小，如下图所示。

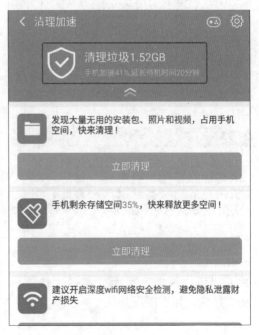

3. 查杀手机病毒，排除安全隐患

01 **点击"手机杀毒"按钮**

进入该程序主页面，点击"手机杀毒"按钮，如下图所示。

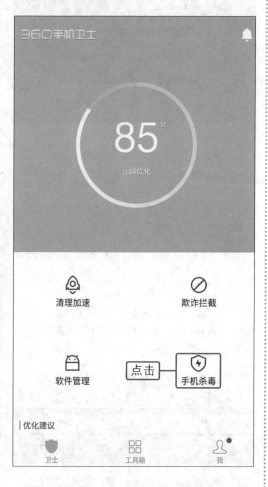

提示

　　不法分子会通过植入病毒代码、木马程序等使手机中毒，然后盗取手机用户的隐私甚至财产，因此，很有必要定期查杀手机病毒。

02 **快速扫描手机**

进入"手机杀毒"页面，点击"快速扫描"按钮，如下图所示。

03 **处理手机安全问题**

随后可看到手机存在的风险，选中要处理的安全问题，然后点击"一键处理"按钮，如下图所示。

实用工具与手机安全

4. 监控数据流量，避免话费超支

01　点击"工具箱"按钮

进入该程序主页面，点击"工具箱"按钮，如下图所示。

02　进入"流量监控"页面

在"我的工具"组中点击"流量监控"按钮，如下图所示。

03　启用流量监控功能

进入"流量监控(卡1)"页面，点击"一键开启"按钮，如下图所示。

04　设置运营商信息

进入"运营商信息"页面，❶按照实际情况填写信息，❷点击"保存并校准"按钮，如下图所示。

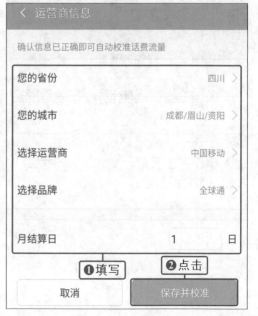

返回"流量监控(卡1)"页面，可看到弹出提示，正在查询用户的套餐使用情况，如下图所示。

校准完成后，会提示流量校准成功，并在该页面中显示本月所剩流量、今日已用流量、话费余额、通话剩余分钟数及信息剩余条数等信息，如下图所示。

5. 拦截骚扰电话，营造清静空间

进入该程序主页面，点击"欺诈拦截"按钮，如右图所示。

进入"欺诈拦截"页面，点击页面右上角的◎按钮，如下图所示。

进入"欺诈拦截设置"页面，❶点击"欺诈拦截"右侧的滑块，开启该功能，❷点击"电话拦截设置"按钮，如下图所示。

进入"电话拦截设置"页面，点击"拦截默认标记号码"按钮，如右图所示。

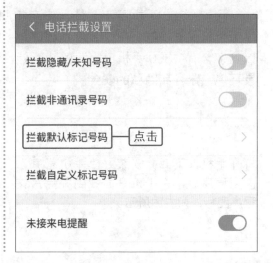

第
2
章

此时，会弹出"拦截默认标记号码"对话框，❶在该对话框中依次点击勾选要拦截标记号码的类别，❷点击"确定"按钮，如下图所示。

返回"电话拦截设置"页面，在该页面中显示了拦截默认标记号码的数量，并提示"标记拦截已开启"，如下图所示。

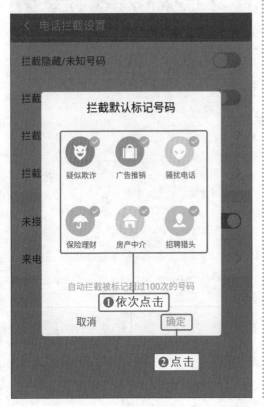 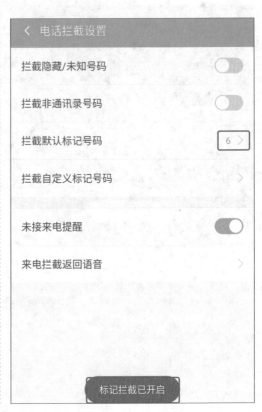

2.2.2　腾讯手机管家——贴心守护手机安全

除了"360手机卫士"外，中老年朋友还可以使用"腾讯手机管家"应用程序为手机保驾护航。由于该应用程序与"微信""QQ"为同一家公司的产品，所以除了含有"360手机卫士"的功能外，还能保护"微信"和"QQ"的支付和登录环境、账号和隐私的安全。

1.检测手机安全

01　打开"手机管家"应用程序

打开手机，下载并安装好"手机管家"应用程序后，在手机桌面找到并点击该程序图标，如右图所示。

进入该程序欢迎页面，点击"马上体验"按钮，如下图所示。

此时，会弹出"开启手机管家"对话框，在该对话框中点击"去授权"按钮，如下图所示。

此时，会弹出"权限申请"对话框，询问用户是否允许该程序使用电话，点击"允许"按钮，如下图所示。

此时，会弹出下一个"权限申请"对话框，询问用户是否允许该程序访问照片、媒体内容和文件，点击"允许"按钮，如下图所示。

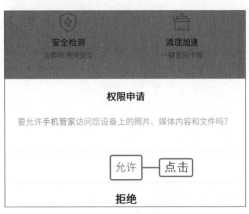

提示

　　步骤02～步骤05的操作只会在首次启用"手机管家"应用程序时出现。

第2章

进入"腾讯手机管家"主页面，点击"安全检测"按钮，如下图所示。

进入"安全检测"页面，点击"立即检测"按钮，如下图所示。

此时，程序会自动开始检测手机安全，待完成检测，若手机处于安全状态，则会显示如右图所示的结果。

📋 提示

　　用户也可以在该程序主页面点击"一键优化"按钮，对手机进行优化。

实用工具与手机安全

2. 一键清理加速

第2章

01 点击"清理加速"按钮

进入该程序主页面，点击"清理加速"按钮，如下图所示。

02 一键清理加速

进入"清理加速"页面，程序会自动扫描手机中的垃圾文件和后台运行程序，❶在扫描结果中选择要清理的选项，❷点击"一键清理加速(×××M)"按钮，如下图所示。

💡 提示

若要释放运行内存空间，则在步骤02中勾选"后台软件"；若要释放机身存储空间，则勾选"垃圾文件"。

---

03 查看清理结果

完成清理后，在该页面中会显示清理结果，如右图所示。若要清理大文件或音视频等文件，可点击对应的"处理"按钮。

3. 远离骚扰诈骗

01 **点击"骚扰拦截"按钮**

进入该程序主页面，点击"骚扰拦截"按钮，如下图所示。

02 **确认授权**

此时，会弹出"开启骚扰拦截，请授权："对话框，保持默认的选项不变，点击"确认"按钮，如下图所示。

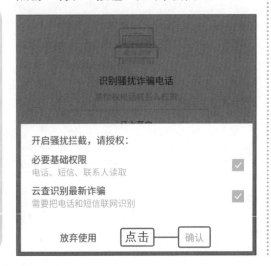

03 **允许该程序使用通讯录**

此时，会弹出"权限申请(1/2)"对话框，询问用户是否允许该程序使用通讯录，点击"允许"按钮，如下图所示。

04 **允许该程序使用短信**

此时，会弹出"权限申请(2/2)"对话框，询问用户是否允许该程序使用短信，点击"允许"按钮，如下图所示。

📋 **提示**

步骤02~步骤04的操作只会在首次启用"骚扰拦截"功能时出现。

实用工具与手机安全

05 点击"设置"按钮

进入"骚扰拦截"页面，可看到最近的通话记录中标记和未标记的记录，然后点击圆按钮，如下图所示。

06 设置电话拦截规则

进入"设置"页面，点击"电话-拦截规则"按钮，如下图所示。

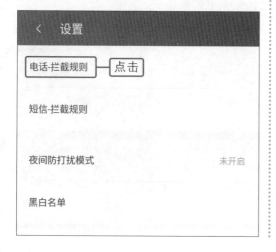

07 点击"自动拦截骚扰电话"按钮

进入"电话-拦截规则"页面，点击"自动拦截骚扰电话"按钮，如下图所示。

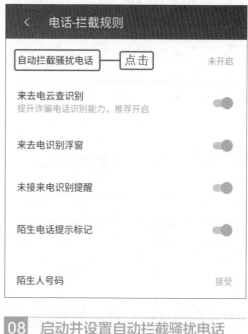

08 启动并设置自动拦截骚扰电话

进入"自动拦截骚扰电话"页面，❶点击"自动拦截骚扰电话"右侧的滑块，❷在展开的选项中依次勾选要拦截的分类，如下图所示。

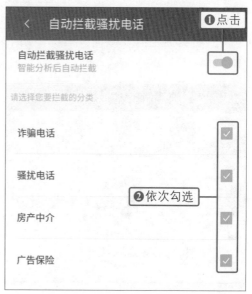

第3章 社交与娱乐

科技的发展让智能手机成为了移动的社交与娱乐工具，给人们的生活增添了许多乐趣，也改变了很多人的生活节奏和生活状态。本章将为中老年朋友介绍一些社交与娱乐的应用程序，中老年朋友可以借助它们将生活变得多姿多彩。

3.1 即时通信快又省

即时通信是一种通过互联网即时发送和接收消息的通信方式，这意味着只要有网络，就可以随时随地与他人交流。与电话、短信等通信方式相比，即时通信更快捷、更省钱。下面就来介绍"微信"和"QQ"这两款常用的即时通信应用程序。

3.1.1 微信——随时随地，便捷交流

"微信"是当前最流行的即时通信工具之一，它可以发送文字、图片、语音和视频等类型的消息，并且提供移动支付、公众号、朋友圈等多种扩展服务。使用"微信"俨然成为了一种新的生活方式。

同类型应用程序推荐：比邻、米聊。

1. 账号注册与登录

01 进入"微信"	**02** 注册"微信"
点击手机桌面上的"微信"图标，如下图所示。	进入"微信"主页面，点击"注册"按钮，如下图所示。

03 填写注册信息

❶在"填写手机号"页面上填写"昵称""电话号码""密码",❷点击"注册"按钮,如下图所示。

05 开始安全校验

进入"安全校验"页面,点击"开始"按钮,如右图所示。

04 同意微信隐私保护指引

进入"微信隐私保护指引"页面,可上下滑动屏幕进行阅读,然后点击"同意"按钮,如下图所示。

06 拖动滑块完成拼图

进入"微信安全"页面，在该页面中拖动图片下方的滑块，直至使拼图完整，如下图所示。

07 进行安全校验

再次进入"安全校验"页面，然后寻找符合该页面中要求的"微信"用户进行扫码辅助验证，如下图所示。

提示

　　若满足步骤07中要求的"微信"用户不方便扫码，可在"安全校验"页面中点击左下角的"不方便扫码"按钮，然后根据页面中的提示来完成安全校验。

08 完成安全校验

满足步骤07中要求的"微信"用户扫码成功后，用于账号注册的手机将进入新的页面，在该页面中可看到"验证成功"的字样，然后点击"返回注册流程"按钮，如右图所示。

社交与娱乐

09 使用短信验证

进入"发送短信验证"页面，可看到需要发送的短信内容，点击"发送短信"按钮，如下图所示。

10 发送验证短信

系统将自动进入手机短信编辑页面并编辑好要发送的短信内容，在该页面中点击发送按钮即可，如下图所示。

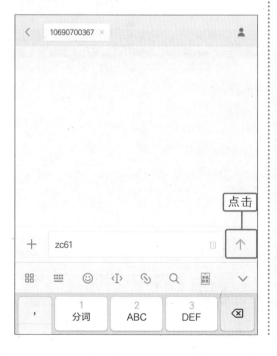

11 完成短信验证

验证短信发送成功后，返回"发送短信验证"页面，点击"已发送短信，下一步"按钮，如下图所示。

12 弹出提示框

此时，系统将弹出提示框，提示正在完成注册，如下图所示。

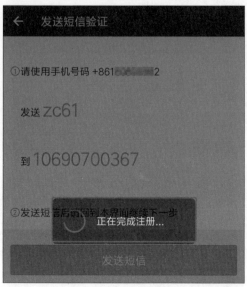

13　完成注册并登录

完成注册后，系统会自动登录该账号，并进入如右图所示的页面。

2. 添加好友并交流

01　点击"添加朋友"选项

❶打开"微信"，点击页面右上角的➕按钮，❷在展开的列表中点击"添加朋友"选项，如下图所示。

02　点击搜索框

进入"添加朋友"页面，点击页面中的搜索框，如下图所示。

03　搜索要添加的好友的手机号

进入搜索页面，❶在搜索框中输入要添加的好友的手机号，❷点击"搜索"按钮，如下图所示。

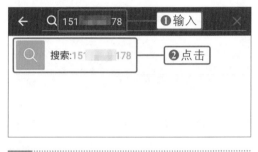

04　添加好友

进入好友"详细资料"页面，点击"添加到通讯录"按钮，如下图所示。

社交与娱乐

05　发送好友验证申请

进入"验证申请"页面，❶在"你需要发送验证申请，等对方通过"下方的文本框中输入能表明身份的信息，❷点击"发送"按钮，如下图所示。待好友通过验证申请后，即可与好友交流。

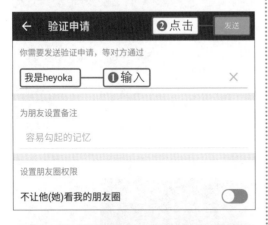

提示

可根据实际情况将步骤03中的手机号换成微信号或QQ号。

06　点击文本框

打开"微信"，点击好友头像，进入与好友聊天的页面，点击页面底部的文本框，如下图所示。

07　输入文字

❶弹出输入键盘后，使用输入法在文本框中输入文字，❷点击"发送"按钮，如下图所示。

08　查看文字聊天记录

等好友回复消息后，可在与好友聊天的页面看到文字聊天记录，如下图所示。

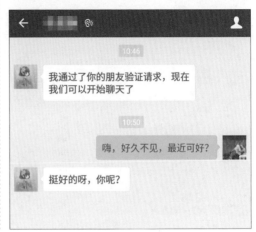

3．在朋友圈互动

01　点击"发现"按钮

打开"微信"，点击"发现"按钮，如下图所示。

02　点击"朋友圈"按钮

在新的页面中点击"朋友圈"按钮，如下图所示。

03　点击 💬 按钮

进入"朋友圈"页面，点击某条好友动态内容下方的 💬 按钮，如下图所示。

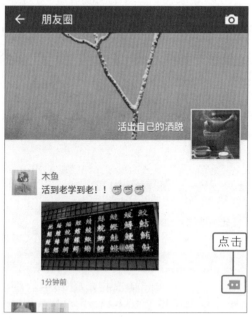

04　点击"赞"按钮

在展开的列表中点击"赞"按钮，如下图所示。

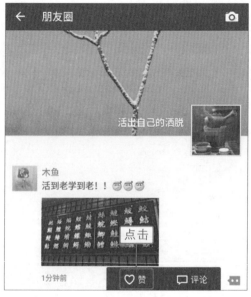

05 再次点击 ⋯ 按钮

此时，可看到好友动态下方显示心形图标和自己的昵称，再次点击 ⋯ 按钮，如下图所示。

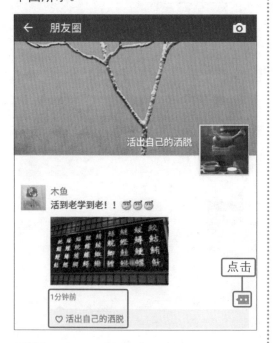

06 点击"评论"按钮

在展开的列表中点击"评论"按钮，如下图所示。

07 输入评论内容

❶在弹出的文本框中输入要评论的内容，❷点击"发送"按钮，如下图所示。

08 发表动态

此时，可在好友动态的下方看到上一步骤发送的评论内容。点击 ◙ 按钮，如下图所示。

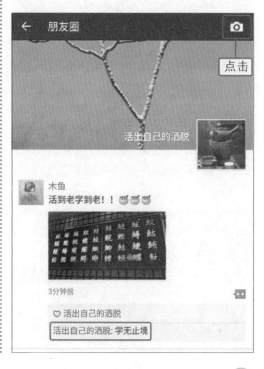

09 点击"从相册选择"命令

在弹出的菜单中点击"从相册选择"命令，如下图所示。

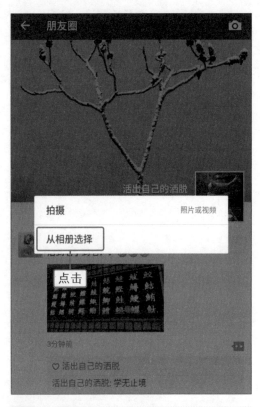

10 选择图片

进入"图片和视频"页面，❶选择需要分享的图片，❷点击"完成"按钮，如下图所示。

11 发送动态

进入编辑动态页面，❶在文本框中输入文字，❷点击"发送"按钮，如下图所示。

12 查看已发送的动态

此时，系统会自动返回"朋友圈"页面，可看到上一步骤中分享的文字和图片，如下图所示。

社交与娱乐

3.1.2　QQ——不断创新，乐在沟通

　　"QQ"是一款老牌即时通讯软件，为了适应移动互联网时代，"QQ"也推出了适用于智能手机等移动设备的版本，让用户随时都能享受免费、高质量的语音和视频通话。

1.　申请QQ号并设置密码

`01`　打开"QQ"应用程序

打开手机，下载并安装好"QQ"应用程序后，在手机桌面找到并点击该程序图标，如下图所示。

`02`　注册账号

进入该程序首页，点击"新用户"按钮，如下图所示。若用户已有账号，可直接点击"登录"按钮。

`03`　输入手机号

进入注册页面，❶在文本框中输入用于注册的手机号，❷点击"下一步"按钮，如下图所示。

04 输入短信验证码

此时，该手机号会收到一条有6位数验证码的短信，进入"输入短信验证码"页面，在文本框中输入收到的6位数验证码，如下图所示。

05 设置昵称

进入"设置昵称"页面，❶根据自己的喜好输入一个昵称，❷点击"注册"按钮，如下图所示。

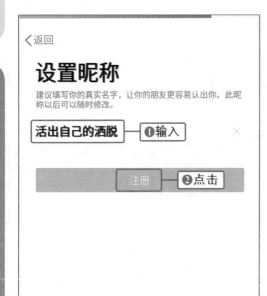

06 登录账号

进入"注册成功"页面，可看到注册的QQ号，然后点击"登录"按钮，如下图所示。

07 进入设置QQ密码页面

此时，会进入新的页面，可看到一条"为了你的账号安全，请设置QQ密码"的提示消息，点击该消息，如下图所示。

社交与娱乐

08 设置QQ密码

进入"设置QQ密码"页面，❶在文本框中输入要设置的密码，❷点击"确定"按钮，如下图所示。

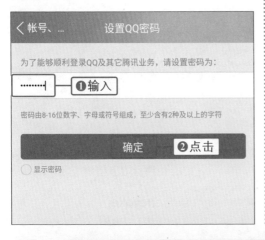

09 点击"完成"按钮

设置成功后，可看到"您已成功设置密码"的提示，然后点击"完成"按钮，如下图所示。

📋 **提示**

为了使QQ账号更加安全，在设置QQ密码时尽可能使用数字、字母和符号混合组成的密码。

2. 添加QQ好友

01 点击"加好友/群"选项

进入"QQ"应用程序，❶在"消息"页面中点击右上角的 + 按钮，❷在展开的列表中点击"加好友/群"选项，如下图所示。

02 点击搜索框

进入"添加"页面，点击搜索框，如下图所示。

03 查找QQ号

此时，会进入新的页面，❶在搜索框中输入要查找的QQ号，❷在搜索框下方展开的类别中点击"找人：×××"按钮，如下图所示。

04 添加好友

进入查找的QQ号的详情页面，确认信息无误后，点击页面下方的"加好友"按钮，如下图所示。

05 发送好友验证申请

进入"添加好友"页面，❶在"备注"栏中输入好友的备注信息，❷点击"发送"按钮，如右图所示。

社交与娱乐

3. 与好友畅聊

01　进入与好友聊天的页面

进入"QQ"应用程序，在"消息"页面中点击要聊天的好友，如下图所示。

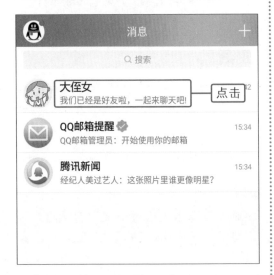

02　与好友进行语音聊天

进入与好友聊天的页面，❶点击页面右上角的█按钮，❷在弹出的列表中点击"QQ电话"选项，如下图所示。

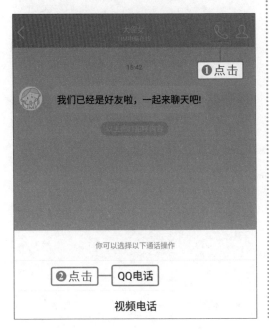

03　呼叫好友

此时，会进入呼叫好友的页面，可看到好友的头像、昵称以及"拨打手机""语音留言""挂断"按钮，如下图所示。当好友接听QQ电话后，即可与之畅聊。

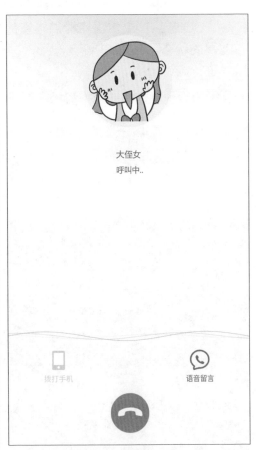

📋 **提示**

　　当QQ好友与手机中的通讯录匹配时，才可以使用"拨打手机"功能。

3.2 视听资讯尽情享

数字媒体技术的发展改变了人们获取娱乐和资讯的方式。如今，用智能手机欣赏音乐、观看电视节目和电影、阅读小说或听有声书、浏览新闻、收听网络广播，已是许多人习以为常的休闲活动。本章就来介绍一些实用的视听影音和新闻资讯类应用程序。

3.2.1 QQ音乐——享受品质音乐生活

"QQ音乐"应用程序提供丰富的曲库资源，中老年朋友可使用该应用程序在连网的状态下在线收听音乐，还可将音乐下载存储在手机中，在不方便连网的时候进行离线播放。

同类型应用程序推荐：酷狗音乐、虾米音乐、网易云音乐、酷我音乐。

01 打开"QQ音乐"应用程序

打开手机，下载并安装好"QQ音乐"应用程序后，在手机桌面找到并点击该程序图标，如下图所示。

02 点击"确定"按钮

此时，会弹出"权限申请"对话框，在该对话框中点击"确定"按钮，如下图所示。

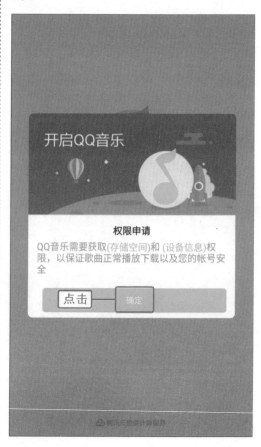

社交与娱乐

03 允许该程序使用电话

此时，会弹出"权限申请(1/2)"对话框，询问用户是否允许该程序使用电话，点击"允许"按钮，如下图所示。

04 允许访问照片、媒体内容和文件

此时，会弹出"权限申请(2/2)"对话框，询问用户是否允许该程序访问照片、媒体内容和文件，点击"允许"按钮，如下图所示。

> **提示**
> 步骤02～步骤04的操作只会在首次启用"QQ音乐"应用程序时出现。

05 点击搜索框

进入"音乐馆"页面，可看到"歌手""排行""电台"等分类，若要搜索具体的歌曲，可点击搜索框，如下图所示。

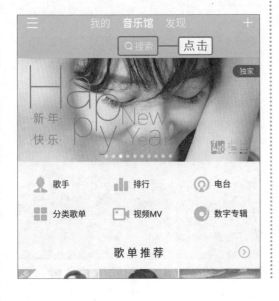

06 搜索歌曲

此时，会进入新的页面，❶在该页面的搜索框中输入要搜索的歌曲名称，❷在搜索框下方展开的列表中点击关键词，如下图所示。

07 点击 ⋮ 按钮

进入搜索结果页面，可根据实际需求选择不同的分类结果，默认选择的分类为"单曲"。点击搜索结果中的歌曲名称可进行试听，若要下载歌曲，可点击歌曲名称右侧的 ⋮ 按钮，如下图所示。

08 下载歌曲

此时，在该页面下方会弹出一个该歌曲的选项列表，点击"下载"按钮即可下载该歌曲，如下图所示。

📋 **提示**

"QQ音乐"中的部分歌曲需付费后才能播放或下载。

3.2.2 优酷——把视频装进口袋

"优酷"应用程序提供丰富的视频资源库，中老年朋友可在闲暇时使用该应用程序观看电影、电视剧、综艺节目、原创视频等。

同类型应用程序推荐： 腾讯视频、爱奇艺、芒果TV、央视影音。

01 打开"优酷"应用程序

打开手机，下载并安装好"优酷"应用程序后，在手机桌面找到并点击该程序图标，如下图所示。

02 选择频道

进入该程序首页，可看到推荐的一些视频，根据实际情况选择喜欢的频道，如选择"剧集"，如下图所示。

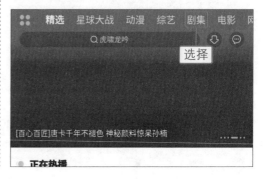

03　选择要观看的剧集

进入"剧集"页面，可上下滑动屏幕浏览剧集，若找到要观看的剧集，可点击该剧集，如下图所示。

04　播放视频

此时，会进入视频播放页面，待广告结束后，就会播放视频，如下图所示。若想横屏观看，可点击██按钮。

3.2.3　懒人听书——换个方式读书

　　"懒人听书"是一款有声阅读应用程序，除提供文学名著、诗词歌赋等有声书籍外，还提供电台节目、相声评书、广播剧等音频节目。中老年朋友如果因视力下降而感到阅读书籍有些吃力，就可使用这款应用程序以"听书"的方式进行阅读。

同类型应用程序推荐：喜马拉雅FM、荔枝FM、氧气听书、企鹅FM。

01　打开"懒人听书"应用程序

打开手机，下载并安装好"懒人听书"应用程序后，在手机桌面找到并点击该程序图标，如右图所示。

02　同意声明与条款

在弹出的"声明与条款"对话框中点击"同意"按钮，如下图所示。

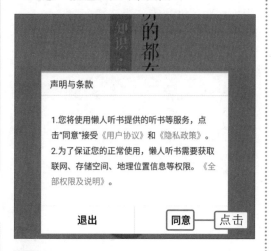

03　点击"立即体验"按钮

进入该程序欢迎页面，连续从屏幕右侧向左侧滑动至如下图所示的页面，然后点击"立即体验"按钮。

04　选择想听的标签

进入"选择你想听的标签"页面，❶根据个人喜好选择想听的标签，❷点击"下一步"按钮，如下图所示。

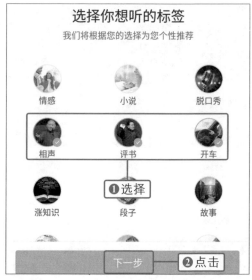

05　选择想听的内容

进入"选择你想听的内容"页面，❶根据个人喜好选择想听的内容，❷点击"完成"按钮，如下图所示。

06 进入"分类"页面

进入该程序首页，可看到推荐的内容，然后点击 按钮，如下图所示。

07 选择感兴趣的类别

进入"分类"页面，可上下滑动屏幕查看所有的分类，根据个人喜好选择想听的类别，如选择"人物传记"，如下图所示。

08 选择想听的书籍

进入"人文"分类下的"人物传记"页面，可上下滑动屏幕查找想听的书籍，找到后点击该书籍，如下图所示。

09 收听书籍

进入该书籍的详情页面，可看到该书籍的作者、内容概述等。点击"开始听"按钮，开始收听，如下图所示。若要查看该书籍目录，可点击"目录"按钮。

3.2.4 澎湃新闻——足不出户观天下

"澎湃新闻"是一个全媒体新闻资讯平台，中老年朋友可通过该平台的应用程序来浏览和阅读新闻，足不出户就能获取丰富的资讯。

同类型应用程序推荐：人民日报、新华社、腾讯新闻。

01 打开"澎湃新闻"应用程序

打开手机，下载并安装好"澎湃新闻"应用程序后，在手机桌面找到并点击该程序图标，如下图所示。

02 允许该程序使用电话

此时，会弹出"权限申请"对话框，询问用户是否允许该程序使用电话，在该对话框中点击"允许"按钮，如下图所示。

03 点击"立即体验"按钮

进入该程序欢迎页面，在该页面中点击"立即体验"按钮，如下图所示。

社交与娱乐

此时，会弹出"选择阅读模式"对话框，用户可根据实际需求选择合适的阅读模式，如选择"大图模式"，如下图所示。

"高校人工智能创新行动计划"下发：人才培养迈入批量化时代

教育家　31分钟前

保护星星闪烁的家园：西藏那曲、阿里入选世界暗夜保护地名录

绿政公署　15分钟前

进入"生活"类新闻页面，在该页面中可上下滑动选择要查看的新闻，若要查看某一新闻的具体内容，可点击该新闻，如下图所示。

进入该程序首页，可看到推荐的新闻，如下图所示。点击顶部的新闻类型按钮可切换新闻类型，如果没看到感兴趣的类型可向左拖动，这里选择"生活"类新闻。

第 3 章

进入新的页面，可在该页面中上下滑动查看新闻的具体内容，若要对该新闻进行评论、点赞等，可在该页面底部点击相应的按钮；若要分享该新闻，可在该页面底部点击按钮，如下图所示。

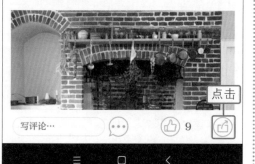

此时，会弹出选择分享渠道对话框，用户可根据实际情况选择合适的分享渠道，如"朋友圈"，如下图所示。其中，呈灰色状态的图标表示无法使用该渠道进行分享。

> **提示**
>
> 　　评论和点赞功能需要登录后才能使用，用户除了可以通过手机号注册"澎湃新闻"的账户外，还可以使用微信、QQ等进行授权登录。

社交与娱乐

3.2.5 中国广播——你的随身电台

"中国广播"是由中央人民广播电台推出的一款广播音频应用程序，汇集全国各个广播电台、版权节目制作单位、播客团体等提供的音频节目，主要功能有节目单点播、特色闹钟、预约收听、订阅收听、断点续听、语音指令等，非常适合中老年朋友使用。

同类型应用程序推荐：FM网络收音机、阿基米德、龙卷风收音机。

01 打开"中国广播"应用程序	02 选择"分类"页面
打开手机，下载并安装好"中国广播"应用程序后，在手机桌面找到并点击该程序图标，如下图所示。	进入该程序首页，可看到程序推荐的一些内容，然后点击"分类"按钮，如下图所示。

03 选择分类

进入"分类"页面，可上下滑动屏幕查看所有的分类，根据个人喜好选择分类，如选择"新闻"，如下图所示。

04 选择频道

进入"分类电台"下的"新闻"页面，可上下滑动屏幕查看所有的频道，根据个人喜好选择频道，如选择"四川综合广播"，如下图所示。

05 收听广播

进入该频道播放页面，可点击 ❚❚ 按钮来控制播放，如下图所示。若要查看节目列表，可点击 ☰ 按钮。

社交与娱乐

休闲游戏悦身心

智能手机的便携性让人们可以随时随地玩游戏，轻松打发等车、等人时的无聊时间。中老年朋友可以在手机上安装一些操作简单的休闲游戏，在闲暇时适度玩一玩，不仅能排遣寂寞，而且对活跃思维、锻炼手眼协调能力也有一定帮助。

3.3.1 JJ斗地主——在线棋牌畅快玩

斗地主是风靡全国的一种纸牌类游戏，它的游戏规则简单易懂，娱乐性极高。下面要介绍的"JJ 斗地主"应用程序不仅包含多种玩法，还支持单机和联机两种游戏方式，非常适合中老年朋友。

同类型应用程序推荐：欢乐斗地主、QQ欢乐斗地主、天天斗地主、单机斗地主。

01 打开"JJ斗地主"应用程序	**02** 允许该程序使用通讯录
打开手机，下载并安装好"JJ斗地主"应用程序后，在手机桌面找到并点击该程序图标，如下图所示。	此时，会弹出"权限申请(1/7)"对话框，询问用户是否允许该程序使用通讯录，点击"允许"按钮，如下图所示。

03 允许该程序使用电话

此时，会弹出"权限申请(2/7)"对话框，询问用户是否允许该程序使用电话，点击"允许"按钮，如下图所示。

权限申请(2/7)

要允许JJ斗地主使用电话吗？

点击 —— 允许

拒绝

04 允许拍摄照片和录制视频

此时，会弹出"权限申请(3/7)"对话框，询问用户是否允许该程序拍摄照片和录制视频，点击"允许"按钮，如下图所示。

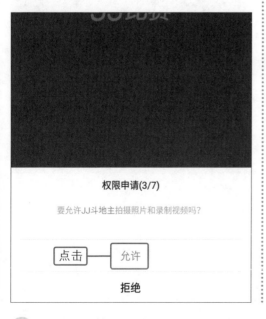

权限申请(3/7)

要允许JJ斗地主拍摄照片和录制视频吗？

点击 —— 允许

拒绝

05 允许该程序获取位置信息

此时，会弹出"权限申请(4/7)"对话框，询问用户是否允许该程序获取位置信息，点击"允许"按钮，如下图所示。

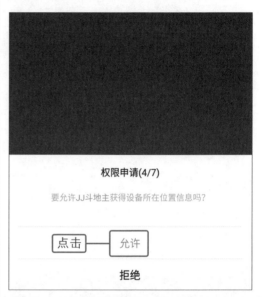

权限申请(4/7)

要允许JJ斗地主获得设备所在位置信息吗？

点击 —— 允许

拒绝

06 允许访问照片、媒体内容和文件

此时，会弹出"权限申请(5/7)"对话框，询问用户是否允许该程序访问照片、媒体内容和文件，点击"允许"按钮，如下图所示。

权限申请(5/7)

要允许JJ斗地主访问您设备上的照片、媒体内容和文件吗？

点击 —— 允许

拒绝

社交与娱乐

此时，会弹出"权限申请(6/7)"对话框，询问用户是否允许该程序录制音频，点击"允许"按钮，如下图所示。

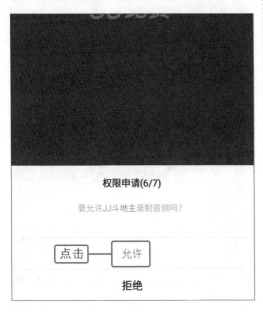

此时，会弹出"权限申请(7/7)"对话框，询问用户是否允许该程序使用短信，点击"允许"按钮，如下图所示。

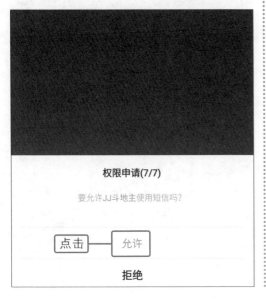

进入该程序首页，点击"斗地主合集"按钮，如下图所示。

此时，会进入游戏加载页面，如下图所示。当进度条加载到100%时，即可进入游戏。

第3章

11 选择斗地主玩法

进入斗地主主页面，可看到该程序支持的所有斗地主玩法，根据实际情况选择玩法，如选择"经典斗地主"，如下图所示。

12 选择游戏方式

进入"经典斗地主"页面，可看到该玩法所有的游戏方式，根据实际情况选择游戏方式，如选择"自由桌"，如下图所示。

13 选择游戏场地

进入"自由桌"页面，可看到该游戏方式所有的游戏场地，根据实际情况选择游戏场地，如选择"新手训练场"，如下图所示。

14 点击"报名"按钮

此时，会弹出"新手训练场"对话框，可看到报名的条件和要求等内容，然后点击"报名"按钮，如下图所示。

15 进行游戏

此时，该程序会自动安排游戏对手，可按照正常的斗地主规则，通过点击牌面进行游戏，如下图所示。

3.3.2 1010！——进阶的俄罗斯方块

"1010！"是一款类似俄罗斯方块的消除类游戏，它操作简单，只需要在一个自由区域内自由摆放方块，摆满一行或一列时，该行或该列中的方块就会消失，非常适合中老年朋友。

同类型应用程序推荐：消灭星星、2048、天天爱消除。

社交与娱乐

01 打开"1010！"应用程序

打开手机，下载并安装好"1010！"应用程序后，在手机桌面找到并点击该程序图标，如下图所示。

02 进入游戏

进入该程序主页面，点击▶按钮，即可进入游戏，如下图所示。

03 开始游戏

进入游戏页面，在该页面下方按住任一方块并拖动至合适的位置，再运用相同的方法将其他方块拖动至合适的位置，如下图所示。

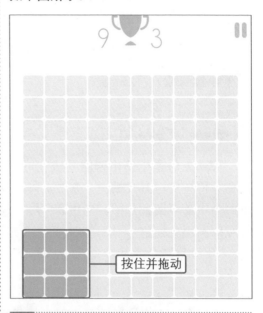

04 查看消除后的效果

当游戏页面下方的**3**个方块拖动完后，会继续给出方块。当摆满一行或一列时，即会消除，可得到如下图所示的效果。

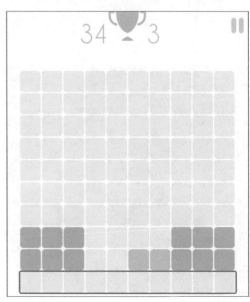

第4章 支付与出行

随着智能手机和移动互联网的不断发展与普及，人们的支付和出行方式正在发生着翻天覆地的变化。本章将立足于日常生活，为中老年朋友介绍一些实用的支付应用程序和出行应用程序。

4.1 移动支付——改变消费模式

移动支付是指使用智能手机完成或确认支付，属于电子支付方式的一种。与现金等传统支付方式相比，移动支付具有方便快捷、无需找零、杜绝假钞等优点。下面为中老年朋友介绍"支付宝"和"微信"两种常用的移动支付方式。

同类型应用程序推荐：云闪付、百度钱包、翼支付、PayPal。

4.1.1 使用"支付宝"支付

要使用"支付宝"应用程序的功能，需先注册一个该程序的账号。注册的流程比较简单，读者按照提示可以较轻松地完成，本书不再详细说明。

1. 绑定银行卡

01 打开"支付宝"应用程序

打开手机，下载并安装好"支付宝"应用程序后，在手机桌面找到并点击该程序图标，如下图所示。

02 点击"我的"按钮

按照程序的提示完成账号注册并登录后，进入"支付宝"首页，点击右下角的"我的"按钮，如下图所示。

03 点击"银行卡"按钮

进入"我的"页面，点击"银行卡"按钮，如下图所示。

04 添加银行卡

进入"银行卡"页面，点击"添加银行卡"按钮，如下图所示。

05 输入银行卡卡号

进入"添加银行卡"页面，❶在"卡号"文本框中输入要添加的银行卡卡号，❷点击"下一步"按钮，如下图所示。

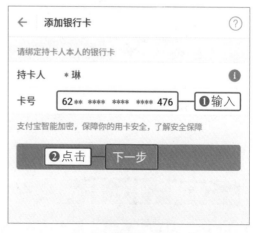

提示

为了保证"支付宝"账户的资金安全，"支付宝"只能绑定认证用户本人的银行卡。

06 输入银行预留手机号

进入"填写银行卡信息"页面，❶在"手机号"文本框中输入银行预留的手机号，❷点击"下一步"按钮，如下图所示。

第4章

07 输入验证码

此时，该手机号会收到一条有6位数验证码的短信，进入"验证手机号"页面，❶在"校验码"文本框中输入6位数验证码，❷点击"下一步"按钮，如下图所示。

08 完成银行卡添加

此时，会进入新的页面，在该页面中显示了"添加成功"的提示，然后点击"完成"按钮，如下图所示。

09 查看添加结果

返回"银行卡"页面，可看到刚添加的银行卡，如下图所示。

2. 开启付款功能

01 点击"付钱"按钮

进入"支付宝"首页，点击"付钱"按钮，如下图所示。

02 开启付款功能

进入"开启付款"页面，此时，会弹出"请输入支付密码"对话框，在该对话框中输入6位数支付密码，如下图所示

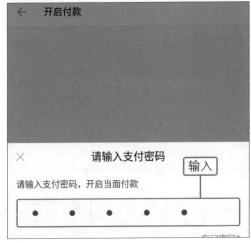

03 校验成功

此时，在该页面中可看到"校验成功"的提示，如右图所示。然后进入"向商家付款"页面，向商家出示该页面中的付款码，即可进行付款。

提示

除了向商家出示付款码进行付款外，还可通过"扫一扫"功能扫描商家收款码进行付款。

4.1.2 使用"微信"支付

移动支付是"微信"在即时通信服务之外提供的多种扩展服务之一，在使用方法上与"支付宝"区别不大，中老年朋友可根据自己的喜好进行选择。

1. 绑定银行卡

01 点击"我"按钮

打开"微信"，点击页面右下角的"我"按钮，如下图所示。

02 点击"钱包"按钮

在新的页面中点击"钱包"按钮，如下图所示。

03 点击"银行卡"按钮

进入"我的钱包"页面，点击"银行卡"按钮，如下图所示。

04 点击"添加银行卡"按钮

进入"银行卡"页面，点击"添加银行卡"按钮，如下图所示。

05 输入银行卡卡号

进入"添加银行卡"页面，❶在"卡号"文本框中输入银行卡卡号，❷点击"下一步"按钮，如下图所示。

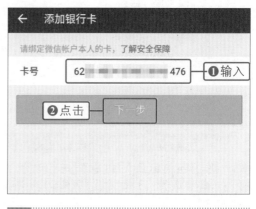

06 输入银行卡信息

进入"填写银行卡信息"页面，❶输入姓名、证件号和手机号，❷点击"下一步"按钮，如下图所示。

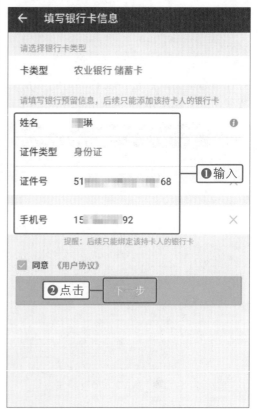

07 查看短信验证码

此时，手机会收到一条有6位数验证码的短信，查看并记住验证码，如下图所示。

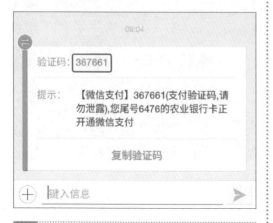

08 验证手机号

进入"验证手机号"页面，❶在"验证码"文本框中输入6位数验证码，❷点击"下一步"按钮，如下图所示。

09 设置支付密码

此时，系统会自动进入"设置支付密码"页面，在文本框中输入要设置的6位数支付密码，如下图所示。

10 再次输入支付密码

❶再次输入相同的6位数支付密码，❷点击"完成"按钮，如下图所示。

11 查看添加的银行卡

进入"银行卡"页面，可看到新添加的银行卡，如右图所示。

2. 出示自己的付款码付款

01 点击"钱包"按钮

❶打开"微信"，点击"我"按钮，❷点击"钱包"按钮，如下图所示。

02 点击"收付款"按钮

进入"我的钱包"页面，点击"收付款"按钮，如下图所示。

03 点击"立即开启"按钮

进入"收付款"页面,可看到提示未开启付款功能,点击"立即开启"按钮,如下图所示。

> **提示**
>
> 步骤03中的提示内容只在首次使用收付款功能时显示。

04 输入支付密码

进入"开启付款"页面,在文本框中输入之前设置的6位数支付密码,如下图所示。

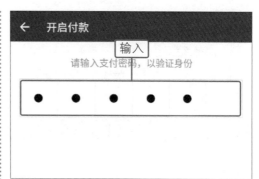

05 查看付款码

此时,系统会自动返回"收付款"页面,可查看付款码,如下图所示。将付款码给商家扫描即可付款。

第4章

3. 扫描他人的收款码付款

01 点击 + 按钮

打开"微信"，点击页面右上角的 + 按钮，如下图所示。

02 点击"扫一扫"选项

在展开的列表中点击"扫一扫"选项，如下图所示。

03 扫描收款码

进入"二维码/条码"页面，将他人的收款码置于扫描框内，系统会自动进行扫描，如下图所示。

04 转账给收款方

扫描识别后会自动进入"转账"页面，❶在"转账金额"下方的文本框中输入金额，❷点击"转账"按钮，如下图所示。

进入"确认交易"页面,点击"立即支付"按钮,如下图所示。

此时,会弹出"请输入支付密码"对话框,在该对话框中输入6位数支付密码,如下图所示。

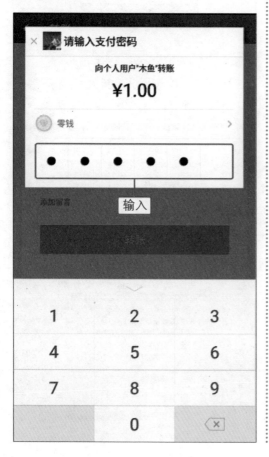

进入支付成功页面,点击"完成"按钮,如下图所示。

进入"服务通知"页面,可查看微信支付凭证,如下图所示。

4.2 高德地图——出门不再晕头转向

"高德地图"是一款提供地图与导航服务的应用程序，能进行智能路线规划、语音导航，还能实时显示动态路况和公交车位置。中老年朋友在去不熟悉的地方前，可使用该应用程序搜索路线，按照程序的指引就能顺利到达目的地。

同类型应用程序推荐：搜狗地图、腾讯地图、百度地图、谷歌地图。

01 打开"高德地图"应用程序

打开手机，下载并安装好"高德地图"应用程序后，在手机桌面找到并点击该程序图标，如下图所示。

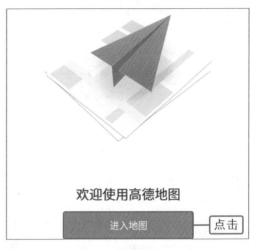

03 同意隐私权政策和服务条款

此时，会弹出隐私权政策及服务条款页面，点击"同意"按钮，如下图所示。

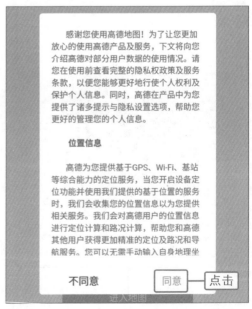

02 进入地图

进入该程序欢迎页面，点击"进入地图"按钮，如下图所示。

04 进入地图主页面

此时，系统会自动进入地图主页面，可
看到自己当前位置和周边的标准地图。
若要更改地图主题，可点击 按钮，如下
图所示。

05 切换到"公交地图"

此时，在页面右侧会展开一个面板，在
"主题"组下点击"公交地图"按钮，
如下图所示。

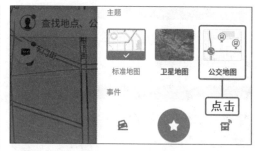

06 点击"路线"按钮

返回地图主页面，可看到地图主题更换
为"公交地图"，点击"路线"按钮，
如下图所示。

第4章

> **提示**
>
> 　　除了通过点击"路线"按钮来查找路线外，还可以在页面顶部的"查找地点、
> 公交、地铁"搜索框中输入关键词来查找路线。

07 点击"输入终点"搜索框

此时，会自动切换到下一个页面，在该页面中点击"输入终点"搜索框，如下图所示。

08 选择目的地

进入搜索页面，❶在搜索框中输入目的地，如"春熙路"，❷点击"搜索"按钮，❸在搜索框下方展开的地址列表中选择正确的地址，如下图所示。

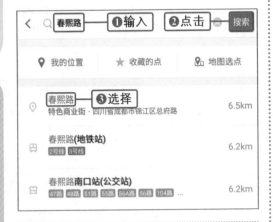

09 显示驾车路线

此时，会自动切换到"驾车"页面，可看到从起点到终点的路线图和该程序推荐的3个方案。若要查看公交路线，可点击"公交"按钮，如下图所示。

10 选择公交路线

此时，会切换至"公交"页面，可看到从起点到终点的所有公交乘车路线，根据实际情况选择路线，如选择带有"最快"标识的路线，如下图所示。

11 查看具体的公交路线

此时，会切换至"68路"公交路线图，可看到该公交在地图上的具体路线、起点到终点的时间、步行距离、车费及间隔的公交站数等，然后点击 ⋮ 按钮，如下图所示。

12 查看公交实时情况

此时，可看到展开的公交路线及该路公交车的实时位置情况，如下图所示。

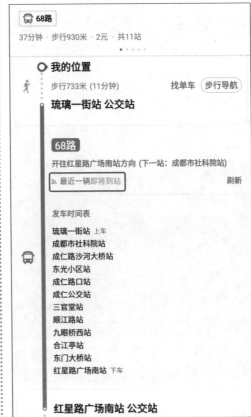

4.3 滴滴出行——动动手指就能打车

随着生活节奏的加快，人们对出行效率的要求也越来越高。当中老年朋友急于出门却又正值不好打车的时间段时，可通过手机中的"滴滴出行"应用程序来快速打车。

同类型应用程序推荐：神州租车、一嗨租车、曹操专车。

01 打开"滴滴出行"应用程序

打开手机，下载并安装好"滴滴出行"应用程序后，在手机桌面找到并点击该程序图标，如下图所示。

03 输入手机号

进入"输入手机号"页面，❶在文本框中输入要使用的手机号，❷点击"下一步"按钮，如下图所示。

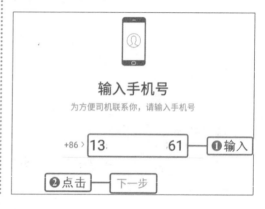

02 点击"立即开启"按钮

进入该程序欢迎页面，点击页面下方的"立即开启"按钮，如下图所示。

04　输入4位数验证码

此时，手机会收到一条有4位数验证码的短信，然后在"输入验证码"页面中输入收到的4位数验证码，如下图所示。

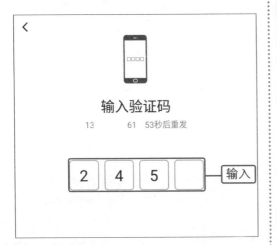

05　设置登录密码

进入"设置登录密码"页面，❶在文本框中输入要设置的密码，❷点击"下一步"按钮，如下图所示。

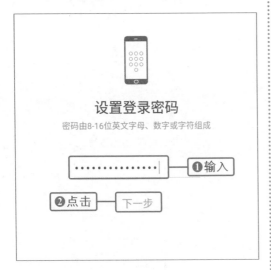

06　同意法律条款和隐私政策

此时，会弹出"滴滴法律条款及隐私政策"对话框，点击"同意"按钮，如下图所示。

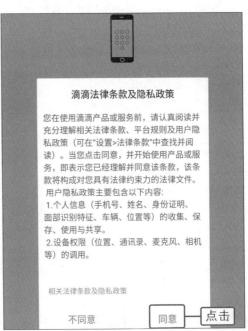

07　点击"您要去哪儿"搜索框

进入该程序主页面，点击页面下方的"您要去哪儿"搜索框，如下图所示。

08 选择目的地

此时，会进入新的页面，❶在该页面上方的搜索框中输入目的地，❷在展开的地址列表中选择正确的地址，如下图所示。

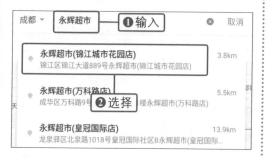

09 切换车型

此时，会进入"确认呼叫"页面，若想乘坐小巴，可点击"小巴"按钮，如下图所示。

10 点击"确认用车"按钮

此时，会切换至"小巴"页面，可以自由选择是否拼车和车的容量，确认信息无误后，点击"确认用车"按钮，如下图所示。

11 查看用车信息

进入"等待接驾"页面，可看到发车地点、用车信息等内容，如下图所示。

12 开始行程

用户上车后，会进入"行程中"页面，可看到具体的交通路线情况，如下图所示。

14 支付车费

此时，会弹出"支付"对话框，可自由选择支付方式，如选择"支付宝支付"，然后点击"支付宝支付××元"按钮，如右图所示。

> 📋 **提示**
>
> 国外打车应用程序推荐
> 东南亚：Grab
> 日韩：Japan Taxi、Kakao Taxi
> 欧洲：Uber

13 点击"去支付"按钮

行程结束后，会弹出需要支付的金额，然后点击"去支付"按钮，如下图所示。

15 确认付款

此时，会弹出"确认付款"对话框，可看到订单信息和需要支付的金额，在选择好付款方式后，点击"立即付款"按钮即可完成支付，如右图所示。

4.4 去哪儿旅行——国内住宿轻松找

在计划一次旅行时不得不考虑的一个问题就是住宿，在国内旅行如何提前预订酒店呢？"去哪儿旅行"是一个综合性旅游平台应用程序，提供机票、酒店等旅游产品的深度搜索，中老年朋友可以用它轻松找到性价比较高的酒店。

同类型应用程序推荐：携程旅行、艺龙旅行、飞猪、途牛旅游。

01 打开"去哪儿旅行"应用程序

打开手机，下载并安装好"去哪儿旅行"应用程序后，在手机桌面找到并点击该程序图标，如下图所示。

02 切换至"我的"页面

进入该程序首页，点击页面右下角的"我的"按钮，如下图所示。

03 点击"登录/注册"按钮

进入"我的"页面，点击页面上方的"登录/注册"按钮，如下图所示。

04 登录账号

进入"登录"页面，❶在"手机号"文本框中输入11位手机号，❷点击"下一步"按钮，如下图所示。

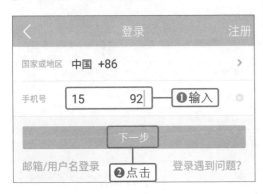

05 点击"注册"按钮

此时，会弹出"提示"对话框，询问用户是否使用该手机号进行注册，点击"注册"按钮，如下图所示。

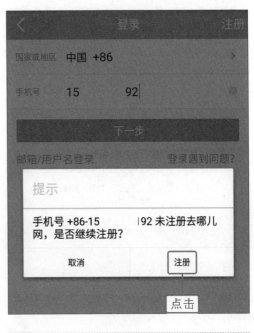

06 输入4位数验证码

进入"输入短信验证码"页面，此时手机会收到一条验证码短信，❶在该页面的文本框中输入收到的4位数验证码，❷点击"下一步"按钮，如下图所示。

07 设置手机密码

进入"设置六位手机密码"页面，❶在文本框中输入任意6位数字作为密码，❷点击"下一步"按钮，如下图所示。

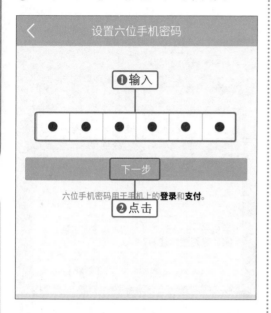

08 确认密码

进入"确认六位手机密码"页面，❶在文本框中输入上一步骤中输入的6位数字，❷点击"确认"按钮，如下图所示。

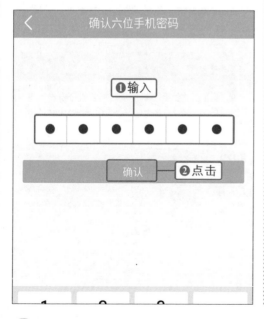

09 返回首页

此时，系统会自动登录该程序并返回"我的"页面，在该页面中可看到账户详情，然后点击页面左上角的◀按钮，如下图所示。

10 点击"酒店"按钮

返回该程序首页，点击"酒店"按钮，如下图所示。

11 设置酒店所在城市

进入酒店搜索页面,点击"我的位置"左侧的城市按钮,如下图所示。

12 选择城市

进入选择城市页面,选择要预订酒店的城市,如"成都",如下图所示。

13 设置入住日期和离店日期

返回酒店搜索页面,点击城市名称下方的日期按钮,如下图所示。

提示

若要预订某城市的钟点房,可在步骤13的页面中点击"钟点房"按钮,再继续进行搜索。

14 选择入住日期和离店日期

进入选择日期页面,选择合适的入住日期和离店日期,如下图所示。

15 搜索酒店

返回酒店搜索页面，点击"开始搜索"按钮，如下图所示。

16 选择酒店

进入酒店搜索结果页面，可看到该城市所有可预订的酒店，根据实际情况选择酒店，如下图所示。

17 进入酒店详情页面

进入酒店详情页面，可看到该酒店的实拍图片、大众评分和评论、可预订的房间规格等，根据实际情况选择房间规格，如下图所示。

18 预订酒店房间

此时，会自动展开所选房间规格的预订页面，根据实际情况选择合适的价位进行预订，如下图所示。

19 填写并提交订单

进入酒店预订订单填写页面，❶根据实际情况填写相应的信息，❷点击"提交订单"按钮，如下图所示。

20 设置付款方式

此时，会弹出"订单支付"对话框，可通过输入银行卡卡号来付款，若不想绑定银行卡，可点击"付款方式"按钮，如下图所示。

21 选择支付方式

此时，会弹出"选择支付方式"对话框，可根据实际情况选择支付方式，如选择"支付宝"，如下图所示。

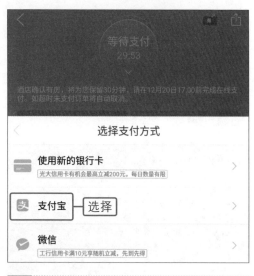

22 支付订单

此时，会弹出"确认付款"对话框，可看到收款方、订单编号、付款方式等信息，确认信息无误后，点击"立即付款"按钮即可完成酒店预订，如下图所示。

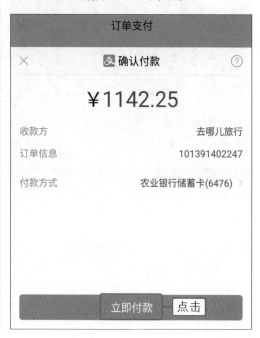

第4章

4.5　Google翻译——出国旅行翻译官

　　"Google 翻译"是一款页面简洁、操作简单的即时翻译应用程序，它的语音翻译和实时翻译功能能够帮助中老年朋友解决出国旅行时语言不通的问题。

同类型应用程序推荐：搜狗翻译、有道翻译官、出国翻译官。

01　打开"Google翻译"应用程序

打开手机，下载并安装好"Google翻译"应用程序后，在手机桌面找到并点击该程序图标，如下图所示。

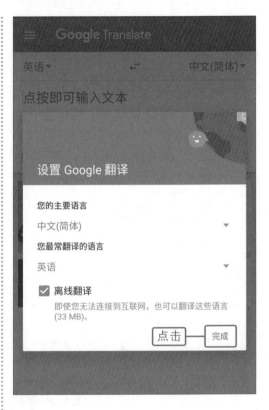

02　设置Google翻译

此时，会弹出"设置Google翻译"对话框，可设置主要使用的语言和常翻译的语言，然后点击"完成"按钮，如下图所示。

03　互换翻译语言

此时，可看到如下图所示的页面，若要互换翻译语言，可点击 ⇄ 按钮。

04 启动实时翻译功能

此时，可看到翻译语言的位置已经互换，若要启动实时翻译功能，可点击📷按钮，如下图所示。

05 允许拍摄照片和录制视频

此时，会弹出"权限申请"对话框，询问用户是否允许该程序拍摄照片和录制视频，点击"允许"按钮，如下图所示。

06 查看实时翻译

进入实时翻译页面，将手机取景框对准要翻译的文字内容，即可将该文字翻译成需要的语言，如下图所示。

07 启动语音翻译功能

返回翻译页面，在该页面中点击🎤按钮，即可启动语音翻译功能，如下图所示。

08 允许录制音频

此时，会弹出"权限申请"对话框，询问用户是否允许该程序录制音频，点击"允许"按钮，如下图所示。

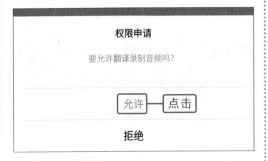

09 语音识别翻译内容

进入"语音"页面，点击"中文（简体）"按钮，如下图所示。然后对着手机话筒说出要翻译的内容。

10 查看翻译结果

当系统识别语音信息后，会自动显示对应的翻译文字信息，并用语音播报翻译内容，然后点击➡按钮，如下图所示。

11 启动手写识别功能

返回翻译页面，可看到该页面中显示了对应的翻译内容，若要启动手写识别功能，可点击✍按钮，如下图所示。

12 手写输入要翻译的文字内容

进入手写页面，可用手指在书写区书写文字来进行翻译，输入完成后点击➡按钮即可，如下图所示。

13 查看翻译结果

此时自动返回主页面，可看到对应的翻译内容，若要语音播报翻译内容，可点击◀按钮，如下图所示。

📋 **提示**

　　在步骤02中，建议勾选"离线翻译"复选框，这样在无法上网时也能翻译选中的语言。

4.6 Agoda——国外酒店提前订

　　"Agoda"是一款可以预订国外住宿的应用程序，不仅支付方式便捷，预、退订流程人性化，操作简单、实用，而且还有国内客服可以解决售后问题，适合中老年朋友使用。

同类型应用程序推荐：Booking.com（缤客）、Airbnb（爱彼迎）、HOTEL INFO、TripAdvisor（猫途鹰）。

01 打开"Agoda"应用程序

打开手机，下载并安装好"Agoda"应用程序后，在手机桌面找到并点击该程序图标，如下图所示。

02 设置酒店所在城市

进入该程序后，按照前面讲解的方法，用手机号注册并登录，然后点击"当前位置周边"按钮，如下图所示。

03 选择城市

进入城市列表页面，❶点击"海外"按钮，❷在展开的城市列表中选择城市，如"清迈"，如下图所示。

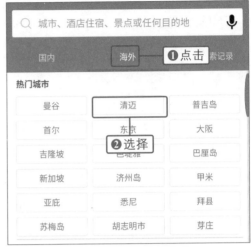

04 设置入住日期和退房日期

返回主页面，点击城市下方的日期按钮，如下图所示。

05　选择入住日期和退房日期

进入"日历"页面，可根据实际情况选择入住日期和退房日期，如选择"1月17日—1月19日"，如下图所示。

06　搜索酒店

返回主页面，若要修改客房数量和客人人数等信息，可点击日期下方的 1间客房 2名大人 0名儿童 按钮，修改完毕后，点击"搜索"按钮，如下图所示。

07　选择酒店

进入搜索结果页面，可看到该城市中所有可预订的酒店信息，根据实际情况进行选择，如下图所示。

08　点击"选择房型"按钮

进入"酒店住宿详情"页面，上下滑动屏幕可看到酒店的名称及地理位置等信息，然后点击"选择房型"按钮，如下图所示。

第 4 章

09 预订房间

在展开的选择房型详情页面中根据实际情况选择房型，然后点击该房型下方的"预订！"按钮，如下图所示。

10 支付酒店住宿款项

进入"支付详情"页面，可看到酒店名称、所订房型及其他相关信息，然后点击"使用支付宝支付"按钮，如下图所示。

11 确认付款

此时，会弹出"确认付款"对话框，可看到"订单金额""汇率""订单信息"等内容，确认无误后，点击"立即付款"按钮，如右图所示。

提示

在"Agoda"应用程序中只有部分城市的酒店可以使用"支付宝"和"微信"进行支付，而VISA卡和万事达卡可以用来支付所有城市的酒店。若要更改支付方式，可在步骤10的页面中点击"支付方式"按钮，然后在展开的列表中选择支付方式。

健康、美食与购物

随着网络技术的发展，手机应用程序无时无刻不在影响着人们的日常生活，许多社会活动中都有着手机应用程序的身影。本章将从个人健康、美食品尝、掌上购物三个方面来介绍一些实用的应用程序。

5.1 足不出户享健康

许多中老年朋友常常会遇到这样的困扰：感觉身体不舒服，上医院就诊需要等待很长时间；听到一些有关食品安全的传言，却不知道去哪里核实。如今，这些事关个人身体健康的烦恼都可以使用智能手机上的应用程序来解决。下面就为中老年朋友介绍一些医疗和食品安全的应用程序。

5.1.1 春雨医生——你的私人医生

"春雨医生"是一款集人工智能技术和医师专业知识为一体的应用程序，不仅提供多种咨询方式和诊断方式，还能与医生在线预约、线下就诊，可以帮助中老年朋友掌握自身健康状况，缩短就医就诊时间，减少医疗费用。

同类型应用程序推荐：快速问医生、丁香医生、平安好医生、杏仁医生。

1. 通过快速提问进行咨询

01 打开"春雨医生"应用程序

打开手机，下载并安装好"春雨医生"应用程序后，在手机桌面找到并点击该程序图标，如下图所示。

02 允许该程序使用电话

此时，会弹出"权限申请(1/2)"对话框，询问用户是否允许该程序使用电话，点击"允许"按钮，如下图所示。

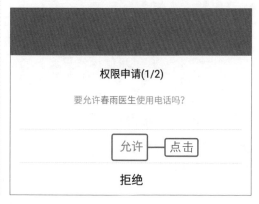

03 允许访问照片、媒体内容和文件

此时，会弹出"权限申请(2/2)"对话框，询问用户是否允许该程序访问照片、媒体内容和文件，点击"允许"按钮，如下图所示。

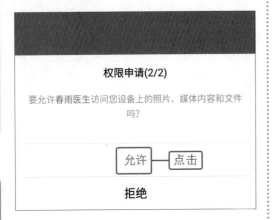

04 允许该程序获取位置信息

此时，会弹出"权限申请"对话框，询问用户是否允许该程序获取位置信息，点击"允许"按钮，如下图所示。

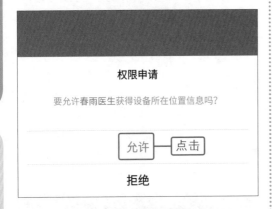

📋 **提示**

步骤02～步骤04的操作只会在首次启用"春雨医生"应用程序时出现。

05 点击"快速提问"按钮

进入该程序首页，使用手机号注册并登录后，在该页面中点击"快速提问"按钮，如下图所示。

06 描述症状

进入"快速提问"页面，❶在文本框中输入关于症状的描述，❷点击"下一步"按钮，如下图所示。若有与症状相关的照片，可点击"添加图片"按钮添加照片，以更全面地描述症状。

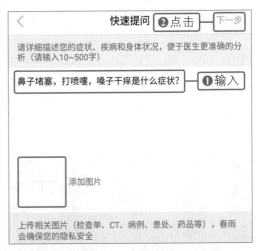

📋 **提示**

在该程序首页中，除了通过"快速提问"来咨询医生外，还可以通过"找医生"进行对症咨询。

健康、美食与购物

07 创建健康档案

进入"新增健康档案"页面，❶根据实际情况填写相关信息，❷点击"创建档案并提交"按钮，如下图所示。

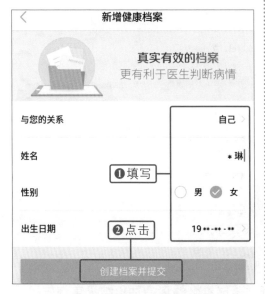

08 提交问题

进入"选医生"页面，❶可根据实际情况选择付费医生或免费的系统指派医生，如选择"系统指派医生"，❷点击"提问(免费)"按钮，如下图所示。

2. 通过症状进行自我诊断

01 点击"症状自诊"按钮

进入该程序首页，点击"症状自诊"按钮，如下图所示。

02 选择症状

进入"症状自诊"页面，❶点击"症状列表"按钮，❷在展开的列表中根据实际情况选择症状，如选择"全身症状"列表中的"手脚冰凉"症状，如下图所示。

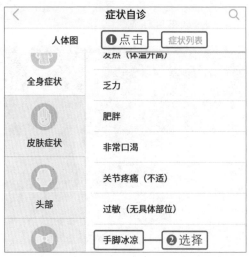

03 选择详细症状

进入"手脚冰凉"页面,可看到该症状可能的患病结果,❶在"是否出现以下症状"列表中根据实际情况点击选择症状,❷点击"确定"按钮,如下图所示。

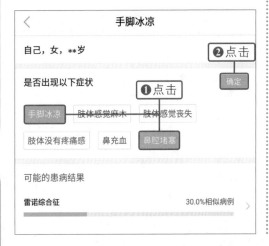

04 查看结果

此时,可看到根据上一步骤中所选的症状推测出的患病结果,如下图所示。若要查看某一结果的详细情况,可直接点击该结果。

5.1.2 食安查——帮你吃得更放心

"食安查"是由国家食品药品监督管理总局推出的食品抽检结果查询应用程序,具有极高的权威性。中老年朋友可通过输入食品名称等关键词或扫描商品条形码来查询抽检结果,作为日常采购食品的参考。

同类型应用程序推荐:优食速查、食品安全卫士、中国食药监管。

01 打开"食安查"应用程序

打开手机,下载并安装好"食安查"应用程序后,在手机桌面找到并点击该程序图标,如下图所示。

02 进入程序首页

进入该程序欢迎页面,可看到该程序的查询方法和数据来源,如下图所示。然后点击页面任意空白处。

03 点击搜索框

进入该程序首页，点击搜索框，如下图所示。若要通过商品条形码进行查询，可直接点击"扫条形码"按钮。

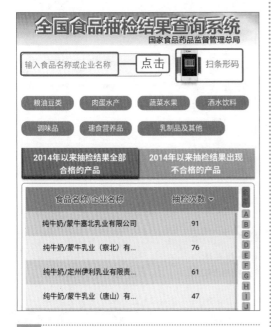

04 进行搜索查询

❶在搜索框中输入要查询的食品名称或企业名称，如输入"酸奶"，❷在搜索框下方展开的列表中选择关键词，如选择"酸奶"，如下图所示。

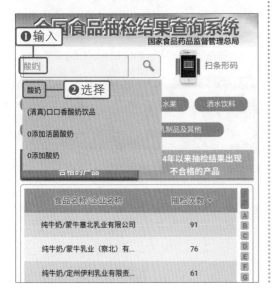

05 查看搜索结果

此时，可在"食品名称/企业名称"下方的结果列表中向上滑动屏幕查看搜索结果，若要查看某一食品抽检结果的具体内容，可点击该结果，如下图所示。

06 查看食品抽检详情

此时，会进入新的页面，可看到该食品抽检结果和生产日期/批号、规格型号，若要查看某一批次的抽检详情，可点击该批次，如下图所示。

此时，会进入新的页面，可看到该批次食品的基本信息和抽检详情，如右图所示。

5.1.3 微糖——科学管理控血糖

"微糖"是一款血糖管理应用程序，中老年朋友可以在其中记录自己的血糖测量值、饮食和用药情况，并根据程序给出的健康分析建议，更好地控制血糖。

同类型应用程序推荐：糖尿病护士、U糖健康、掌控糖尿病。

01 打开"微糖"应用程序

打开手机，下载并安装好"微糖"应用程序后，在手机桌面找到并点击该程序图标，如下图所示。

02 允许该程序使用电话

此时，会弹出"权限申请(1/3)"对话框，询问用户是否允许该程序使用电话，点击"允许"按钮，如下图所示。

03 允许该程序获取位置信息

此时，会弹出"权限申请(2/3)"对话框，询问用户是否允许该程序获取位置信息，点击"允许"按钮，如下图所示。

权限申请(2/3)

要允许微糖获得设备所在位置信息吗？

允许 — 点击

拒绝

04 允许访问照片、媒体内容和文件

此时，会弹出"权限申请(3/3)"对话框，询问用户是否允许该程序访问照片、媒体内容和文件，点击"允许"按钮，如下图所示。

权限申请(3/3)

要允许微糖访问您设备上的照片、媒体内容和文件吗？

允许 — 点击

拒绝

提示

步骤02～步骤04的操作只会在首次启用"微糖"应用程序时出现。

05 点击"立即进入"按钮

进入该程序欢迎页面，点击"立即进入"按钮，如下图所示。

微糖　开启品质生活

"多吃就多运动，我能开心的吃起来了"

—— 王胜利 2型

立即进入 — 点击

06 注册账号

此时，会进入新的页面，❶在文本框中输入用于注册的手机号，❷点击"下一步"按钮，如下图所示。

○ 微糖

专 注 血 糖 健 康

151 ***** 192 — ❶输入

下一步 — ❷点击

07 输入验证码

随后该手机号会收到一条有6位数验证码的短信，然后进入"验证码"页面，❶在文本框中输入6位数验证码，❷点击"下一步"按钮，如下图所示。

08 进入添加记录页面

进入该程序首页，可看到糖友平均血糖达标率和控糖攻略等内容，然后点击❶按钮，如下图所示。

09 添加血糖记录

此时，会进入新的页面，可添加血糖记录、饮食记录和用药记录等内容，点击"记血糖"按钮，如下图所示。

10 输入并保存血糖记录

此时，会进入新的页面，❶选择记录血糖的时间段，如选择"午餐后"，❷输入经过专业设备检测的血糖值，❸点击"保存"按钮，如下图所示。

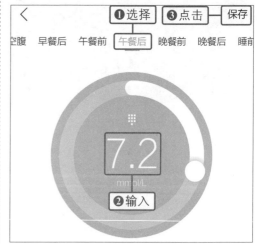

健康、美食与购物

11 查看血糖高低

此时，会弹出对话框，若血糖值为正常值，则会显示如下图所示的信息，然后点击❎按钮。

12 添加饮食记录

返回添加记录页面，点击"饮食记录"右侧的"添加"按钮，如下图所示。

13 选择要添加的食物

进入"添加食物"页面，可上下滑动屏幕选择食物，如选择"粳米饭"，如下图所示。

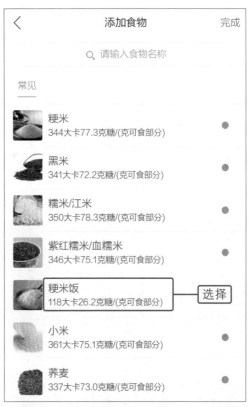

14 设置食物重量

此时，会弹出设置食物重量的对话框，❶在文本框中输入食物的重量，❷点击"确定"按钮，如下图所示。

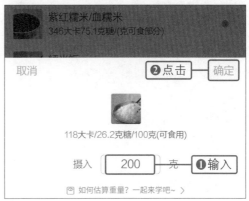

第5章

15 完成食物记录的添加

返回"添加食物"页面，用相同的方法添加其他食物记录，然后点击"完成"按钮，如下图所示。

16 保存所添加的食物记录

此时，会进入新的页面，可看到所有添加的食物记录，确认无误后，点击"保存"按钮，如下图所示。

17 点击"健康分析"按钮

返回添加记录页面，点击页面右上角的"健康分析"按钮，如下图所示。

18 查看健康分析结果

进入"健康分析"页面，在"指尖血糖"下方可看到血糖的总体情况和控糖建议，如下图所示。若要查看动态血糖情况和风险评估等内容，可点击相应的按钮。

品尝美食有捷径

许多中老年朋友习惯自己在家烹制一日三餐，如果偶尔想要品尝餐馆美食，或者为家中餐桌添点新花样，就可以使用本节介绍的应用程序。

5.2.1 大众点评——哪家餐馆好，大家帮你挑

"大众点评"是一款消费点评应用程序，消费者可使用该应用程序发布在商家消费后的评价和心得。中老年朋友如果平时需要外出就餐，可使用该程序挑选口碑好的餐馆，在旅途中也可使用该程序寻找正宗的当地美食。

同类型应用程序推荐：美团、百度糯米、ENJOY。

01 **打开"大众点评"应用程序**

打开手机，下载并安装好"大众点评"应用程序后，在手机桌面找到并点击该程序图标，如下图所示。

02 **点击"美食"按钮**

进入该程序后，用手机号注册并登录，会进入该程序首页，在该页面中显示了当前所在的城市，然后点击"美食"按钮，如下图所示。

03 **查看附近餐馆**

此时，会进入美食推荐页面，可上下滑动屏幕查看附近的餐馆，若要查看某一餐馆的详细情况，可点击该餐馆，如下图所示。

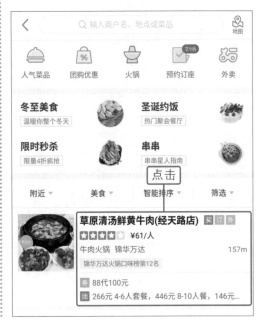

第5章

进入该餐馆详情页面，可看到餐馆名称、人均消费、所在位置、优惠信息、商家信息及网友点评等内容，点击"网友点评"按钮，如下图所示。

进入"网友点评"页面，可查看日期最近的两条评论，如下图所示。若要查看更多评论作为消费参考，可点击"网友点评（×××）"按钮。

5.2.2　饿了么——手指动一动，美食送上门

　　"饿了么"是一款主营在线外卖、即时配送的应用程序，为消费者在家享用餐馆美食提供了便利。中老年朋友若不想自己做饭又不想出门吃饭，可使用该应用程序订餐。

同类型应用程序推荐：美团外卖、饿了么星选、口碑。

打开手机，下载并安装好"饿了么"应用程序后，在手机桌面找到并点击该程序图标，如右图所示。

此时，会弹出"开启饿了么"对话框，点击"下一步"按钮，如下图所示。

此时，会弹出"权限申请(1/3)"对话框，询问用户是否允许该程序使用电话，点击"允许"按钮，如下图所示。

此时，会弹出"权限申请(2/3)"对话框，询问用户是否允许该程序获取位置信息，点击"允许"按钮，如下图所示。

此时，会弹出"权限申请(3/3)"对话框，询问用户是否允许该程序访问照片、媒体内容和文件，点击"允许"按钮，如下图所示。

> **提示**
>
> 步骤02～步骤05的操作只会在首次启用"饿了么"应用程序时出现。

第 5 章

06 选择订餐种类

进入该程序后，用手机号注册并登录，会进入该程序首页，可看到所有可选择的餐点种类。根据实际情况选择餐点种类，如选择"美食"，如下图所示。

07 选择美食分类

进入"美食"页面，可上下滑动屏幕查看综合排序的店铺，若要更精确地点餐，可根据实际需求选择美食分类，如选择"简餐便当"，如下图所示。

08 选择店铺

进入"简餐便当"类目，可上下滑动屏幕查看所有的店铺，根据实际情况选择店铺，如下图所示。

09 添加菜品

进入该店铺页面，可上下滑动屏幕查看所有菜品，若要添加某菜品，可点击该菜品右侧的➕按钮，如下图所示。

10 点击"去结算"按钮

菜品添加好后，可看到菜品的总价和配送费，然后点击页面右下角的"去结算"按钮，如下图所示。

11 点击"添加收货地址"按钮

进入"订单配送至"页面，可看到订单的详细情况，然后点击"添加收货地址"按钮，如下图所示。

> 📋 **提示**
>
> 　　首次使用该应用程序点餐，需要添加收货地址。再次使用时则不需要添加收货地址。

12 新增收货地址

进入"收货地址"页面，点击页面下方的"新增地址"按钮，如下图所示。

13　填写地址信息

进入"新增地址"页面，❶根据实际情况填写收货地址，❷点击"确定"按钮，如下图所示。

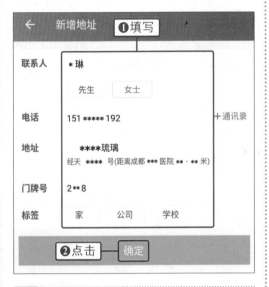

14　点击收货地址

返回"收货地址"页面，可看到已经添加的收货地址，然后点击该收货地址，如下图所示。

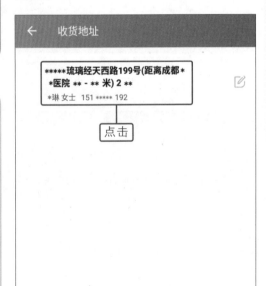

15　支付订单

返回"订单配送至"页面，点击页面下方的"去支付"按钮，如下图所示。然后根据实际情况选择支付方式进行支付即可。

提示

　　首次使用该程序点餐后进行支付时，需要进行语音验证。

健康、美食与购物

5.2.3 下厨房——美食动手做，健康又营养

"下厨房"是一款菜谱查询与分享的应用程序，它具有菜谱种类丰富、做法详细直观、用户交流活跃等优点。中老年朋友如果喜欢下厨，可使用该应用程序查询菜谱，通过动手实践来提高厨艺，还可以和网友分享烹饪心得。

同类型应用程序推荐：美食杰、豆果美食、香哈菜谱。

01　打开"下厨房"应用程序

打开手机，下载并安装好"下厨房"应用程序后，在手机桌面找到并点击该程序图标，如下图所示。

02　允许该程序使用电话

此时，会弹出"权限申请(1/2)"对话框，询问用户是否允许该程序使用电话，点击"允许"按钮，如下图所示。

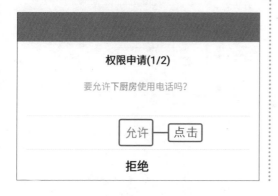

03　允许访问照片、媒体内容和文件

此时，会弹出"权限申请(2/2)"对话框，询问用户是否允许该程序访问照片、媒体内容和文件，点击"允许"按钮，如下图所示。

> **提示**
>
> 　步骤02~步骤03的操作只会在首次启用"下厨房"应用程序时出现。

04　点击搜索框

进入该程序首页，可看到该程序推荐的一些内容，然后点击页面上方的搜索框，如下图所示。

05 搜索菜谱

进入搜索页面，❶在搜索框中输入要搜索的关键词，❷在搜索框下方展开的列表中选择关键词，如选择"搜菜谱：尖椒土豆丝"，如下图所示。

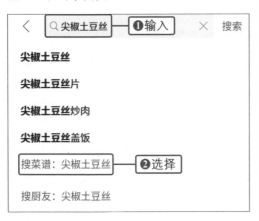

06 选择菜谱

进入菜谱搜索结果页面，可上下滑动屏幕浏览菜谱，点击即可选择菜谱，如选择第一个菜谱，如下图所示。

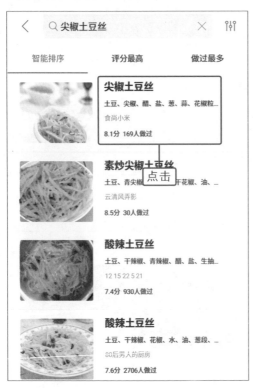

07 点击…按钮

进入菜谱详情页面，可上下滑动屏幕查看所需的用料、步骤等内容，若要分享该菜谱，可点击…按钮，如下图所示。

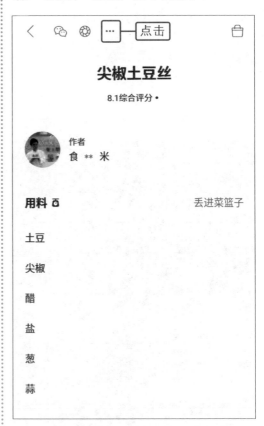

08 选择分享渠道

此时，会弹出分享面板，可根据实际情况选择分享渠道，如选择"朋友圈"，如下图所示。

健康、美食与购物

5.3　掌上购物乐陶陶

网上购物具有选择面广、省时省力等优点，受到了众多消费者的欢迎。本节将以当前较主流的两个电商平台的应用程序"手机淘宝"和"京东"为例，为中老年朋友介绍如何使用手机进行网上购物。

同类型应用程序推荐：天猫、亚马逊、唯品会、苏宁易购。

5.3.1　手机淘宝——随时随地，想淘就淘

"手机淘宝"是深受欢迎的网络零售平台"淘宝网"为智能手机开发的应用程序，其中销售的商品品类丰富、价格实惠。中老年朋友可对多个卖家的商品进行比较，选择性价比较高的商品下单购买。

01　打开"手机淘宝"应用程序

打开手机，下载并安装好"手机淘宝"应用程序后，在手机桌面找到并点击该程序图标，如下图所示。

02　允许该程序使用电话

此时，会弹出"权限申请"对话框，询问用户是否允许该程序使用电话，点击"允许"按钮，如下图所示。

03 | 点击"同意"按钮

此时，会弹出"温馨提示"对话框，提示该程序的法律声明及隐私权政策，点击"同意"按钮，如下图所示。

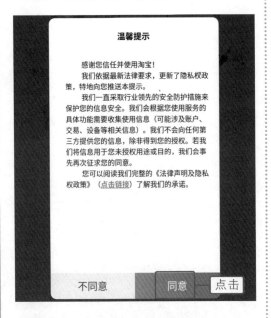

04 | 允许该程序获取位置信息

此时，会弹出"权限申请"对话框，询问用户是否允许该程序获取位置信息，点击"允许"按钮，如下图所示。

提示

步骤02～步骤04的操作只会在首次启用"手机淘宝"应用程序时出现。

05 | 点击搜索框

进入该程序后，用手机号注册并登录，会进入该程序首页，可看到"淘宝头条""有好货"等推荐内容，然后点击页面上方的搜索框，如下图所示。

06 搜索需要的商品

进入搜索页面，❶在搜索框中输入要搜索的商品名称，如输入"被套"，❷在下方展开的列表中选择关键词，如下图所示。

提示

　　若用户有"支付宝"账号，可直接使用该账号登录"手机淘宝"。

07 查看搜索结果

进入搜索结果页面，可上下滑动屏幕查看搜索到的商品，若找到合适的商品，可点击该商品，如下图所示。

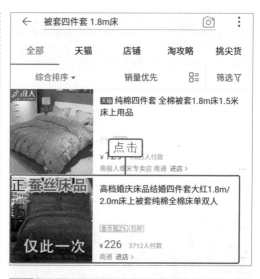

08 点击"立即购买"按钮

进入该商品详情页面，可上下滑动屏幕查看商品详情，若要购买该商品，可点击"立即购买"按钮，如下图所示。

　　若要购买多件商品，可先将商品添加至购物车，然后一起结算。

09 选择商品的颜色和尺寸

此时，会弹出选择商品颜色和尺寸的对话框，❶选择商品颜色，❷选择商品尺寸，❸点击"确定"按钮，如下图所示。若要增加购买数量，可点击+按钮。

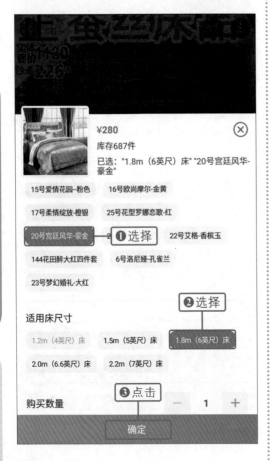

10 点击"确定"按钮

此时，会弹出"请先设置收货地址"对话框，点击"确定"按钮，如下图所示。

11 添加收货地址

进入"添加新地址"页面，❶根据实际情况填写"收货人""联系电话""所在地区"等信息，❷点击"保存"按钮，如下图所示。

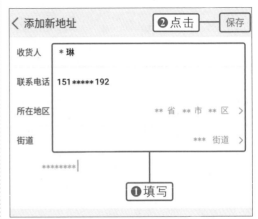

健康、美食与购物

12 提交订单

进入"确认订单"页面,可看到收货地址、购买商品的详情和需要支付的金额,确认信息无误后,点击页面右下角的"提交订单"按钮,如下图所示。

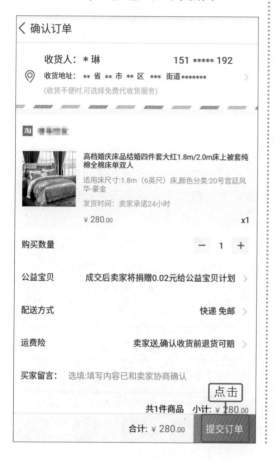

13 立即付款

此时,会弹出"确认付款"对话框,选择好付款方式后,点击"立即付款"按钮,如下图所示。

5.3.2 京东——购物多、快、好、省

"京东"是一个综合性购物平台,自建物流保证了商品配送的高效和安全。若中老年朋友对物流速度和售后体验要求较高,可使用"京东"应用程序购物。

01 打开"京东"应用程序

打开手机,下载并安装好"京东"应用程序后,在手机桌面找到并点击该程序图标,如右图所示。

02 | 同意该程序的隐私政策

此时，会弹出"京东隐私政策"对话框，点击"同意"按钮，如下图所示。

03 | 允许该程序使用电话

此时，会弹出"权限申请"对话框，询问用户是否允许该程序使用电话，点击"允许"按钮，如下图所示。

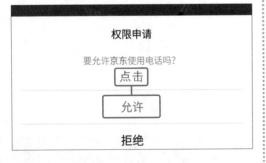

04 | 允许该程序获取位置信息

此时，会弹出"权限申请"对话框，询问用户是否允许该程序获取位置信息，点击"允许"按钮，如下图所示。

📋 提示

    步骤02～步骤04的操作只会在首次启用"京东"应用程序时出现。

05 | 进入"我的"页面

进入该程序首页，可看到该程序推荐的一些内容，然后点击页面右下角的"我的"按钮，如下图所示。

健康、美食与购物

06　点击"登录/注册"按钮

进入"我的"页面，点击"登录/注册"按钮，如下图所示。

07　同意注册协议和隐私政策

此时，会弹出"注册协议及隐私政策"对话框，点击"同意"按钮，如下图所示。

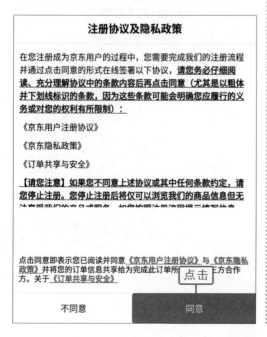

08　输入要注册的手机号

进入"手机快速注册"页面，❶在文本框中输入要注册的手机号，❷点击"下一步"按钮，如下图所示。

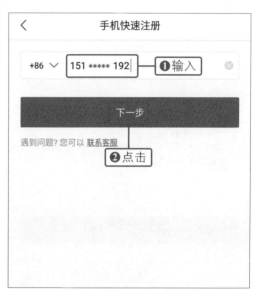

09　输入验证码

此时，该手机号会收到一条有6位数验证码的短信。进入输入验证码页面，❶在文本框中输入收到的6位数验证码，❷点击"下一步"按钮，如下图所示。

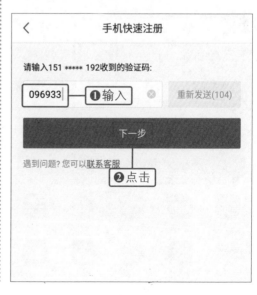

10 | 设置登录密码

进入设置登录密码页面，❶在文本框中输入登录密码，❷点击"完成"按钮，如下图所示。若担心输入的密码与所要设置的密码不符，可点击"密码可见"单选按钮。

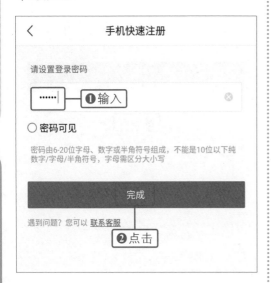

11 | 点击搜索框

切换至该程序首页，可看到"发现好货""京东秒杀"等推荐的内容，然后点击页面上方的搜索框，如下图所示。

12 | 搜索需要的商品

进入搜索页面，❶在搜索框中输入要搜索的商品名称，如输入"枕头"，❷在下方展开的列表中选择关键词，如下图所示。

13 | 查看搜索结果

进入搜索结果页面，可上下滑动屏幕查看搜索到的商品，若找到合适的商品，可点击该商品，如下图所示。

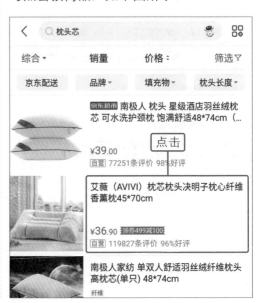

健康、美食与购物

进入该商品详情页面,可上下滑动屏幕查看商品详情,若要购买该商品,可点击"加入购物车"按钮,如下图所示。

此时,可看到"购物车"按钮右上角出现了一个数字标识,该数字代表购物车中的商品数量,若要对购物车中的商品进行结算,可点击"购物车"按钮,如下图所示。

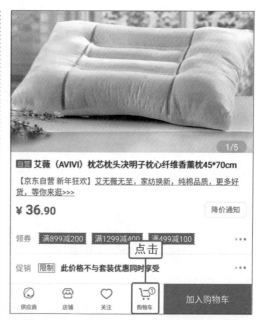

进入"购物车"页面,❶选择要结算的商品,❷点击"去结算"按钮,如下图所示。

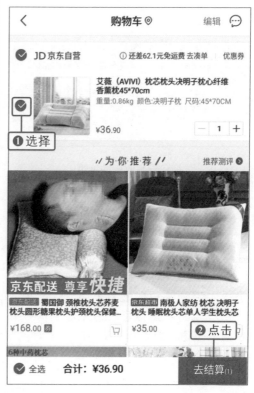

第5章

17 点击"去设置"按钮

此时，会弹出对话框，提示还没有设置收货地址，点击"去设置"按钮，如下图所示。

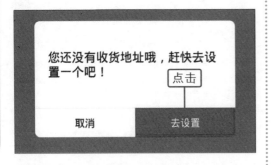

18 点击"新建地址"按钮

进入"收货地址"页面，点击"新建地址"按钮，如下图所示。

19 新建收货地址

进入"新建收货地址"页面，❶根据实际情况填写收货信息，❷点击"保存并使用"按钮，如下图所示。

20 提交订单

进入"确认订单"页面，确认收货信息、商品信息等无误后，点击"提交订单"按钮，如下图所示。

21 支付订单

进入"京东收银台"页面，❶根据实际情况选择支付方式，如选择"微信支付"，❷点击"微信支付××元"按钮，如右图所示。

📋 提示

"京东"不支持使用"支付宝"进行支付。

学习笔记

第6章 学习与教育

学习与教育类手机应用程序突破了时间、空间、技术和资金的限制，为用户提升知识与技能水平提供了便利。在这些应用程序的帮助下，中老年朋友不仅可以将"活到老，学到老"的理念付诸实践，而且能为辅导孙辈学习出一份力。

6.1 终身学习好伙伴

俗话说："活到老，学到老。"中老年朋友通常时间较为充裕，若抽出部分时间学习新的知识和技能，不仅能开阔眼界、陶冶情操，还能在学习的互动过程中结交新朋友，增进人际关系，丰富自己的晚年生活。下面为中老年朋友介绍两款用于学习的手机应用程序。

6.1.1 网易云课堂——创造更有效的学习

"网易云课堂"是一款专注职业技能提升的在线学习应用程序，不仅拥有海量学习资源，而且支持离线视频学习、在线笔记、题库练习等功能，方便中老年朋友随时随地进行学习。

同类型应用程序推荐：网易公开课、腾讯课堂、学堂在线。

01 打开"网易云课堂"应用程序	02 点击"好的"按钮
打开手机，下载并安装好"网易云课堂"应用程序后，在手机桌面找到并点击该程序图标，如下图所示。	此时，会弹出"权限申请"对话框，点击"好的"按钮，如下图所示。

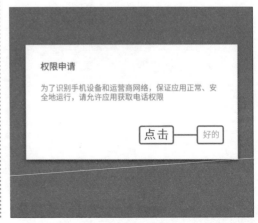

03　允许该程序使用电话

此时，会弹出"权限申请(1/2)"对话框，询问用户是否允许该程序使用电话，点击"允许"按钮，如下图所示。

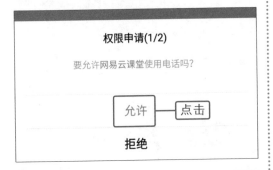

04　允许访问照片、媒体内容和文件

此时，会弹出"权限申请(2/2)"对话框，询问用户是否允许该程序访问照片、媒体内容和文件，点击"允许"按钮，如下图所示。

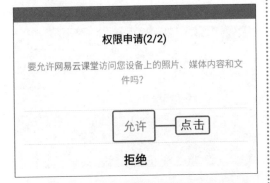

> ### 提示
> 步骤02～步骤04的操作只会在首次启用"网易云课堂"应用程序时出现。

05　选择感兴趣的知识

进入"选择你感兴趣的知识"页面，❶选择感兴趣的知识，如选择"办公软件"，❷点击"开始学习"按钮，如下图所示。

06　进入"分类"页面

进入该程序首页，可向上或向左滑动屏幕查看该程序推荐的内容，然后点击页面下方的"分类"按钮，如下图所示。

📋 **提示**

　　若用户知道课程的具体名称或关键词，可直接点击该程序首页上方的搜索框，输入关键词进行搜索。

07 选择课程

进入"分类"页面，❶根据实际需求选择课程分类，❷在展开的列表中选择课程，如下图所示。

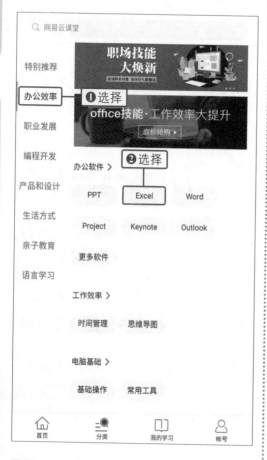

08 选择具体课程

进入该课程详情页面，可上下滑动屏幕查看课程，若有感兴趣的课程，可点击该课程，如下图所示。

09 加入学习课程

进入该课程详情页面，可看到课程介绍视频、课程简介、目录、评价等内容，然后点击页面右下角的"加入学习"按钮，如下图所示。

10 选择登录方式

进入该程序登录页面，可看到该程序支持的登录方式，从中选择一个登录方式，如选择"微信登录"，如下图所示。

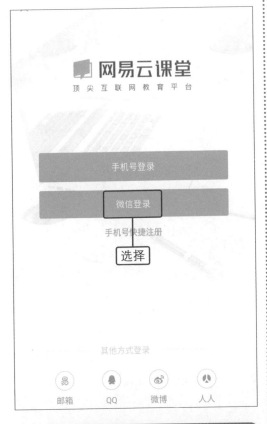

11 确认登录

进入"微信登录"页面，可看到使用"微信"登录该程序后，该程序将获得的权限，然后点击"确认登录"按钮，如下图所示。

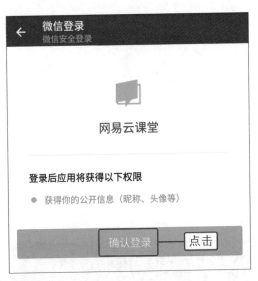

12 进入学习课程

返回课程详情页面，可看到"课程介绍视频"更换为"进入学习"按钮，点击该按钮即可进入学习课程，如下图所示。

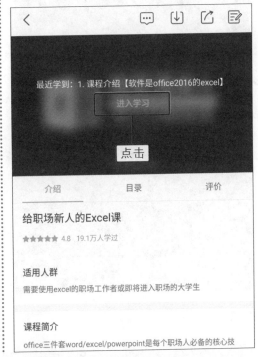

6.1.2 多邻国——多种外语免费学

"多邻国"是一款从听、说、读、译四个方面进行多元化训练的语言学习应用程序，它具有免费、科学等特点，中老年朋友可通过该应用程序进行系统性的语言学习。

同类型应用程序推荐：CCtalk、沪江网校、busuu。

01 打开"多邻国"应用程序

打开手机，下载并安装好"多邻国"应用程序后，在手机桌面找到并点击该程序图标，如下图所示。

02 点击"马上开始"按钮

进入该程序欢迎页面，点击"马上开始"按钮，如下图所示。若用户有该程序账户，可点击"已有账户"按钮。

03 选择要学习的语言

进入"我想学…"页面，可根据实际需求选择要学习的语言，如选择"英语"，如下图所示。若页面中没有想学习的语言，可点击"Courses taught in English"右侧的▼按钮，然后在展开的列表中选择。

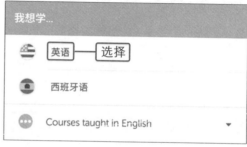

学习与教育

04 选择每日学习目标

进入"选择每日目标"页面，可看到该程序所有的学习模式，❶根据实际情况选择学习模式，如选择"正常模式"，❷点击"继续"按钮，如下图所示。

05 选择学习方式

进入"选择学习方式"页面，根据实际情况选择学习方式，如选择"从基础课程开始"，如下图所示。

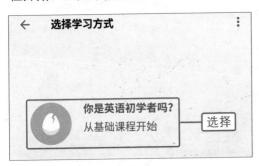

06 进入看图选择学习模式

进入基础课程学习，在看图选择题中，❶选择正确的图片，❷点击"检查"按钮，如下图所示。

07 继续学习

若选择的图片正确，会弹出"正确"对话框，然后点击"继续"按钮，如下图所示。反之，则弹出"错误"对话框。

第6章

08 进入英译汉学习模式

在英译汉学习模式中，按照中文语序依次点击下方对应中文的白色矩形按钮来翻译英文，如下图所示。

09 翻译英文

❶依次点击中文按钮输入译文后，❷点击"检查"按钮，如下图所示。

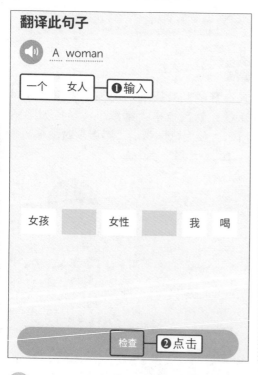

提示

当白色矩形变为蓝色矩形时，表示系统提醒该答案是正确答案。

10 继续学习

若输入的译文正确，会弹出"正确"对话框，然后点击"继续"按钮，如下图所示。反之，则弹出"错误"对话框。

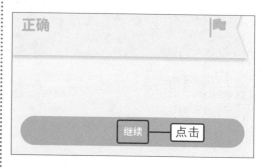

11 继续翻译

❶依次点击中文按钮输入译文，❷点击"检查"按钮，如下图所示。

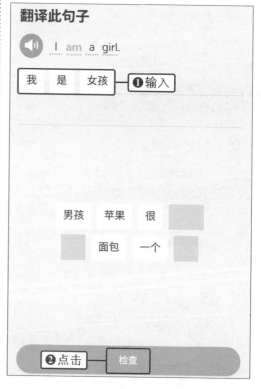

12 弹出"其他翻译"对话框

若译文还有其他答案，系统会弹出"其他翻译"对话框，提示该句子的其他翻译，然后点击"继续"按钮，如下图所示。

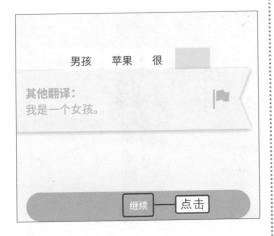

13 进入看图翻译学习模式

在看图翻译学习模式中，❶按题目要求在文本框中输入描述该图片内容的英文，❷点击"检查"按钮，如下图所示。

14 继续学习

若输入的英文正确，会弹出"正确"对话框，然后点击"继续"按钮，如下图所示。反之，则弹出"错误"对话框。

15 完成单元的学习

若完成某一个单元的学习，会进入如下图所示的页面，提醒距离今日学习目标还有多少经验值，然后点击"继续"按钮。

16　点击"继续"按钮

进入如下图所示的页面，可看到所学语言的熟练程度，然后点击"继续"按钮，如下图所示。

你的英语熟练度已经飙升至 6% 啦！

6%

in 添加至领英档案

继续 —— 点击

17　创建档案

此时，会进入新的页面，可以通过创建档案来保存当前的学习进度，点击"创建档案"按钮，如下图所示。

到了创建档案的时间了！

创建档案以保存你的进度，并继续免费学习。

创建档案 —— 点击

稍后

18　输入姓名

进入"你的姓名？"页面，❶在文本框中输入姓名，❷点击"下一步"按钮，如下图所示。

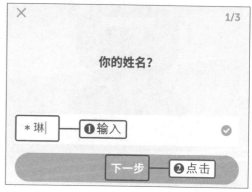

✕ 　　　　　　　　　　　1/3

你的姓名？

* 琳 —— ❶输入　　　✓

下一步 —— ❷点击

学习与教育

进入"你的邮箱地址？"页面，❶在文本框中输入邮箱地址，❷点击"下一步"按钮，如下图所示。

进入"设置密码"页面，❶在文本框中输入要设置的密码，❷点击"创建档案"按钮，如下图所示。

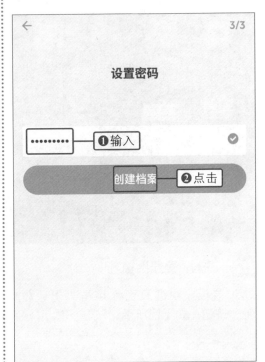

第6章

提示

步骤17～步骤20是初次使用该程序时注册账号的步骤，若再次使用该程序可使用注册时填写的电子邮箱进行登录。

6.2 教育孙辈搭把手

给孙辈做饭、接送孙辈上下学对大多数中老年朋友来说都不是难事，但部分中老年朋友由于文化程度不够或知识更新不及时，在辅导孙辈做功课时常常感到力不从心。本节就来介绍"小猿搜题"和"作业帮"两款教育类应用程序，帮助中老年朋友较轻松地完成中小学生的作业辅导。

同类型应用程序推荐：猿题库、作业盒子、学霸君。

6.2.1 小猿搜题——拍照一搜解难题

"小猿搜题"是一款为中小学生打造的拍照搜题应用程序，其特点是操作简单。中老年朋友在辅导孙辈们做题时，可使用该应用程序来搜索答案及解答过程。

01 打开"小猿搜题"应用程序

打开手机，下载并安装好"小猿搜题"应用程序后，在手机桌面找到并点击该程序图标，如下图所示。

02 进入"登录"页面

进入该程序欢迎页面，点击"登录/注册"按钮，如下图所示。

03 输入手机号

进入"登录"页面，❶在"手机号"文本框中输入用于注册的手机号，❷点击"验证码"右侧的"获取验证码"按钮，如下图所示。

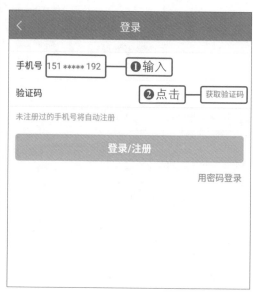

04 输入验证码并登录

随后该手机号会收到一条有6位数验证码的短信，❶在"验证码"文本框中输入收到的6位数验证码，❷点击"登录/注册"按钮，如下图所示。

05 选择年级

进入"选择年级"页面，❶点击"我是家长"单选按钮，❷在"请选择您的孩子所在的年级"下方的列表中选择年级，如选择"四年级"，❸点击"保存"按钮，如下图所示。

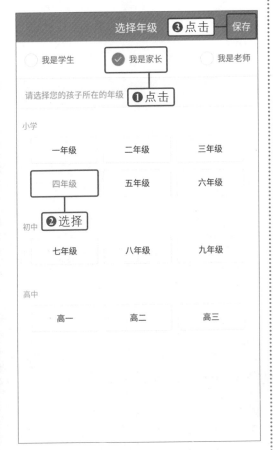

06 点击"拍照搜题"按钮

进入该程序首页，点击"拍照搜题"按钮，如下图所示。

07 拍摄要搜索的题目

此时，会启动照相机，将手机横屏并对准题目，点击 按钮即可进行拍摄，如下图所示。

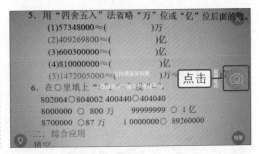

提示

若要查看以前搜索的题目，可点击页面右上角"我的题目"按钮。

第6章

拍摄完成后,屏幕中会出现一个蓝色的矩形框,可拖动该矩形框来选择题目的范围,然后点击●按钮,如下图所示。

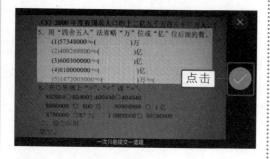

09 查看搜索结果

待搜索完成后,可看到如右图所示的搜索结果页面,上下滑动屏幕查看该题目的详细解析和知识点。若第1页的结果不符合,可向左滑动屏幕进行筛选。若要继续提问,可点击页面右下角的"再拍一题"按钮。

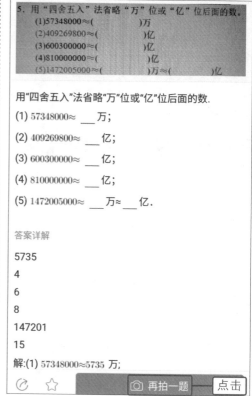

用"四舍五入"法省略"万"位或"亿"位后面的数.

(1) 57348000≈ ___ 万;

(2) 409269800≈ ___ 亿;

(3) 600300000≈ ___ 亿;

(4) 810000000≈ ___ 亿;

(5) 1472005000≈ ___ 万≈___ 亿.

答案详解

5735

4

6

8

147201

15

解:(1) 57348000≈5735 万;

6.2.2 作业帮——让学习更简单

除了"拍照搜题"功能,"作业帮"应用程序还有"语音搜题"等丰富的搜题功能。中老年朋友可根据实际情况选择搜题功能。

01 打开"作业帮"应用程序

打开手机,下载并安装好"作业帮"应用程序后,在手机桌面找到并点击该程序图标,如下图所示。

02 点击"新用户注册"按钮

进入该程序登录页面,点击"新用户注册"按钮,如下图所示。

此时，可根据实际情况选择注册方式，如选择"手机"，如下图所示。

进入"请输入你的手机号登录"页面，❶在文本框中输入要注册的手机号，❷点击→按钮，如下图所示。

此时，会弹出"验证手机号码"对话框，提示用户将发送验证码短信到之前输入的手机号，点击"确认"按钮，如下图所示。

随后该手机号会收到一条有4位数验证码的短信，进入"输入验证码"页面，❶在文本框中输入收到的4位数验证码，❷点击"注册"按钮，如下图所示。

第
6
章

07 设置账户密码

进入"注册成功，请设置密码"页面，❶在两个文本框中分别输入要设置的密码，❷点击"完成"按钮，如下图所示。

08 选择年级

此时，会弹出"选择年级"对话框，根据实际情况选择年级，如选择"四年级"，如下图所示。

09 点击"拍照搜题"按钮

进入该程序首页，点击"拍照搜题"按钮，如下图所示。

提示

　　若要修改年级，可在"我的-个人资料"中修改。

10 拍摄要搜索的题目

此时，会启动照相机，将手机横屏并对准题目，点击◎按钮即可进行拍摄，如下图所示。

学习与教育

11 选择要提交的题目范围

拍摄完成后，屏幕中会出现一个白色的矩形框，可拖动该矩形框来选择题目的范围，然后点击◯按钮，如右图所示。

12 查看搜索结果

待搜索完成后，可看到如下图所示的搜索结果页面，上下滑动屏幕查看该题目的详细解析和知识点。若第1页的结果不符合，可向左滑动屏幕进行筛选。若要继续提问，可点击页面右下角的"再拍一题"按钮。

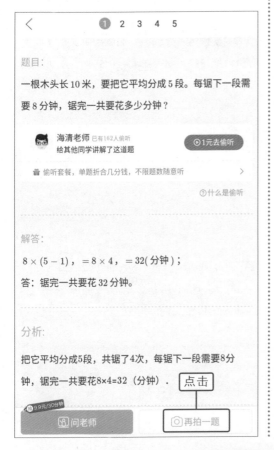

13 点击"语音搜题"按钮

返回该程序首页，点击"语音搜题"按钮，如下图所示。

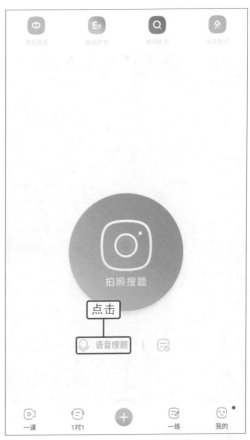

📋 **提示**

用户还可以在该程序首页顶部点击"语文作文""英语作文""古文助手"等按钮来搜索其他内容。

14 搜索题目

进入语音搜索题目页面，按住 🎤 按钮，并对着手机话筒读出要搜索的题目，如下图所示。读完题目后，松开手指即可进行搜索。

15 查看搜索结果

待搜索完成后，可看到如下图所示的搜索结果页面，上下滑动屏幕查看该题目的详细解析和知识点。若第1页的结果不符合，可向左滑动屏幕进行筛选。若要继续提问，可点击页面右下角的"再读一题"按钮。

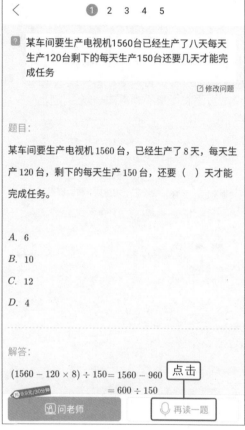

学习笔记

学习与教育